점프 왕수학

최상위 5%
도약을 위한

수학

최상위

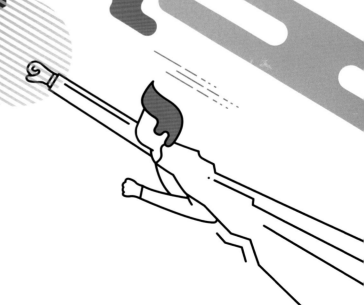

수학 학력 평가의 새로운 기준!

현직 교수, 박사급 출제위원!

빅데이터 평가분석!

Ai

1:1 KMA 평가 전문 상담!

KMA
한국수학학력평가

평가 일시 : 매년 상반기 6월, 하반기 11월 실시

수학 학력 평가의 새로운 기준 !

KMA
Korean Mathematics Ability Evaluation
한국수학학력평가
대비서

초 **3**학년

◆ 단원 평가
◆ 실전 모의고사
◆ 최종 모의고사

한국수학학력평가 연구원
홈페이지 : www.kma-e.com

※ 창의 사고력 도전 문제 동영상 강의 QR 코드 무료 제공
※ 정답과 풀이 뒷면에 동영상 강의 QR 코드를 확인하세요.

KMA 대비서

참가 대상	초등 1학년 ~ 중등 3학년
	(상급학년 응시가능)
신청 방법	1) KMA 홈페이지에서 온라인 접수
	2) 해당지역 KMA 학원 접수처
	3) 기타 문의 ☎ 070-4861-4832
홈페이지	www.kma-e.com

※ 상세한 내용은 홈페이지에서 확인해 주세요.

주 최 | 한국수학학력평가 연구원   주 관 | ㈜에듀왕

JUMP
점프왕수학

최상위

5·1

구성과 특정

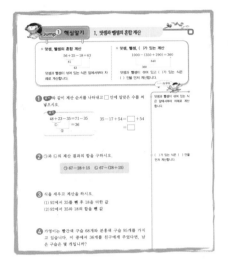

Jump 1 핵심알기

단원의 핵심 내용을 요약한 뒤 각 단원에 직접 연관된 정통적인 문제와 기본 원리를 묻는 문제들로 구성하고 'Jump 도우미'를 주어 기초를 확실하게 다지도록 하였습니다.

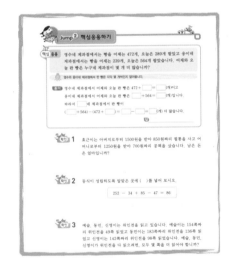

Jump 2 핵심응용하기

단원의 대표 유형 문제를 뽑아 풀이에 맞게 풀어 본 후, 확인 문제로 대표적인 유형을 확실하게 정복할 수 있도록 하였습니다.

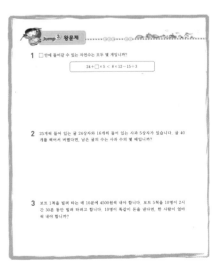

Jump 3 왕문제

교과 내용 또는 교과서 밖에서 다루어지는 새로운 유형의 문제들을 폭넓게 다루어 교내의 각종 고사 및 경시대회에 대비하도록 하였습니다.

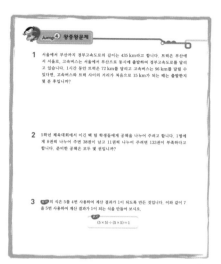

Jump 4 왕중왕문제

국내 최고 수준의 고난이도 문제들 특히 문제해결력 수준을 평가할 수 있는 양질의 문제만을 엄선하여 전국 경시대회, 세계수학올림피아드 등 수준 높은 대회에 나가서도 두려움 없이 문제를 풀 수 있게 하였습니다.

Jump 5 영재교육원 입시대비문제

영재교육원 입시에 대한 기출문제를 비교 분석한 후 꼭 필요한 문제들을 정리하여 풀어 봄으로써 실전과 같은 연습을 통해 학생들의 창의적 사고력을 향상시켜 실제 문제에 대비할 수 있게 하였습니다.

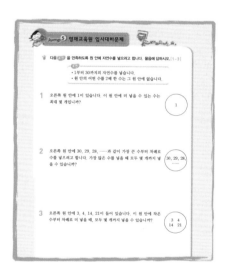

1. 이 책은 최근 11년 동안 연속하여 전국 수학 경시대회 대상 수상자를 지도 배출한 박명전 선생님이 집필하였습니다. 세계적인 기록이 될만큼 많은 수학왕을 키워온 박 선생님의 점프 왕수학은 각종 시험 및 경시대회를 준비하는 예비 수학왕들의 필독서입니다.

2. 문제 해결 과정을 통해 원리와 개념을 이해하고 교과서 수준의 문제뿐만 아니라 사고력과 창의력을 필요로 하는 새로운 경향의 문제들까지 폭넓게 다루었습니다.

3. 교육과정 개정에 맞게 교재를 구성했으며 단계별 학습이 가능하도록 하였습니다.

차례

1 자연수의 혼합 계산

이야기 수학

✳ 덧셈과 뺄셈 기호의 역사

옛날에는 덧셈과 뺄셈의 기호가 여러 가지로 사용되었습니다.

$$5 \text{ et } 3 \quad \cdots \text{ ① (1456년)}$$
$$5 \text{ p } 3 \quad \cdots \text{ ② (1583년)}$$
$$5 \quad \cdot \quad 3 \quad \cdots \text{ ③ (1590년)}$$
$$5 \text{ de } 3 \quad \cdots \text{ ④ (1494년)}$$
$$5 \text{ m } 3 \quad \cdots \text{ ⑤ (1583년)}$$

위의 5가지 중 ①, ②, ③은 덧셈, ④, ⑤는 뺄셈입니다. 즉 et나 p, ·은 지금의 ＋에 해당됩니다. 덧셈과 뺄셈의 기호에 ＋, －를 일반적으로 쓰게 된 것은 18세기가 되어서입니다. 참고로 연대를 적었는데, 이 연대순으로 기호가 바뀐 것이 아니라 사람에 따라 쓰이는 기호가 여러 가지였습니다.

재미있는 일은, 아담스 디이제라는 사람이 － 대신에 ÷를 써서 뺄셈을 했다는 사실입니다.

Jump 1 핵심알기　　1. 덧셈과 뺄셈의 혼합 계산

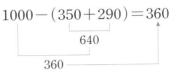

❖ 덧셈, 뺄셈의 혼합 계산

$$56+25-18=63$$

$$81$$
$$63$$

덧셈과 뺄셈이 섞여 있는 식은 앞에서부터 차례로 계산합니다.

❖ 덧셈, 뺄셈, ( )가 있는 계산

$$1000-(350+290)=360$$

$$640$$
$$360$$

덧셈과 뺄셈이 섞여 있고 ( )가 있는 식은 ( ) 안을 먼저 계산합니다.

 Jump도우미

1 보기와 같이 계산 순서를 나타내고 □ 안에 알맞은 수를 써 넣으시오.

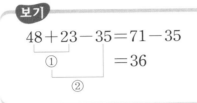

보기
$$48+23-35=71-35$$
①　　　　=36
②

$$35-17+54=\boxed{}+54$$
$$=\boxed{}$$

★ 덧셈과 뺄셈이 섞여 있는 식은 앞에서부터 차례로 계산합니다.

2 ㉠과 ㉡의 계산 결과의 합을 구하시오.

㉠ 67−28+15　　㉡ 67−(28+15)

★ ( )가 있는 식은 ( ) 안을 먼저 계산합니다.

3 식을 세우고 계산을 하시오.

(1) 92에서 35를 뺀 후 18을 더한 값
(2) 92에서 35와 18의 합을 뺀 값

4 가영이는 빨간색 구슬 68개와 분홍색 구슬 95개를 가지고 있습니다. 이 중에서 36개를 친구에게 주었다면, 남은 구슬은 몇 개입니까?

핵심 응용

영수네 제과점에서는 빵을 어제는 472개, 오늘은 289개 팔았고 웅이네 제과점에서는 빵을 어제는 239개, 오늘은 564개 팔았습니다. 어제와 오늘 판 빵은 누구네 제과점이 몇 개 더 많습니까?

생각 열기 영수와 웅이네 제과점에서 판 빵은 각각 몇 개씩인지 알아봅니다.

풀이 영수네 제과점에서 어제와 오늘 판 빵은 472+□=□(개)이고

웅이네 제과점에서 어제와 오늘 판 빵은 □+564=□(개)입니다.

따라서 □네 제과점에서 판 빵이

(□+564)−(472+□)=□−□=□(개) 더 많습니다.

답 _____

확인 1 효근이는 아버지로부터 1500원을 받아 850원짜리 필통을 사고 어머니로부터 1250원을 받아 700원짜리 공책을 샀습니다. 남은 돈은 얼마입니까?

확인 2 등식이 성립하도록 알맞은 곳에 ( )를 넣어 보시오.

$$252 \ - \ 34 \ + \ 85 \ - \ 47 \ = \ 86$$

확인 3 예슬, 동민, 신영이는 위인전을 읽고 있습니다. 예슬이는 154쪽짜리 위인전을 49쪽 읽었고 동민이는 183쪽짜리 위인전을 136쪽 읽었고 신영이는 142쪽짜리 위인전을 98쪽 읽었습니다. 예슬, 동민, 신영이가 위인전을 다 읽으려면, 모두 몇 쪽을 더 읽어야 합니까?

❖ **곱셈, 나눗셈의 혼합 계산**

$$25 \div 5 \times 8 = 40$$

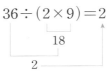

곱셈과 나눗셈이 섞여 있는 식은 앞에서부터 차례로 계산합니다.

❖ **곱셈, 나눗셈, ( )가 있는 계산**

$$36 \div (2 \times 9) = 2$$

곱셈과 나눗셈이 섞여 있고 ( )가 있는 식은 ( ) 안을 먼저 계산합니다.

❶ 두 식을 하나의 식으로 나타내시오.

$$7 \times 8 = 56, \qquad 56 \div 14 = 4$$

> ★ 먼저 두 식에서 공통인 수를 찾습니다.

❷ 식을 세우고 계산을 하시오.

(1) 54를 9로 나눈 몫에 3을 곱한 값
(2) 54를 9와 3의 곱으로 나눈 몫

❸ 계산 결과가 가장 큰 것부터 차례로 기호를 쓰시오.

    ㉠ $16 \times 8 \div 32$ ㉡ $120 \div 20 \times 5$
    ㉢ $165 \div (5 \times 3)$ ㉣ $13 \times (56 \div 7)$

> ★ 곱셈과 나눗셈이 섞여 있는 식은 앞에서부터 차례로 계산합니다.

❹ 오징어 한 묶음은 20마리입니다. 오징어 3묶음을 4명에게 똑같이 나누어 주려면, 1명에게 몇 마리씩 나누어 주어야 합니까?

 핵심 응용

어느 가방 공장에서는 4명이 30분 동안 10개씩 가방을 만든다고 합니다. 이 공장에서 하루에 8시간씩 일주일 동안 만들어 낸 가방이 30800개였다면, 일한 사람은 모두 몇 명입니까? (단, 모든 사람이 일한 양은 같습니다.)

 한 명이 1시간 동안 만드는 가방은 몇 개인지 생각해 봅니다.

풀이 4명이 30분 동안 만드는 가방은 10개이므로

4명이 1시간 동안 만드는 가방은 $10 \times \boxed{} = \boxed{}$ (개),

1명이 1시간 동안 만드는 가방은 $\boxed{} \div 4 = \boxed{}$ (개)입니다.

(1명이 하루에 8시간씩 일주일 동안 만드는 가방의 수)

$= \boxed{} \times 8 \times \boxed{} = \boxed{}$ (개)

따라서 일한 사람은 모두

$30800 \div (\boxed{} \times 8 \times \boxed{}) = 30800 \div \boxed{} = \boxed{}$ (명)입니다.

답 _____

 1 한초네 반 학생들은 5명씩 6모둠입니다. 운동회 날에 1봉지에 20개씩 들어 있는 햄버거 3봉지를 반 학생들에게 똑같이 나누어 주려고 합니다. 햄버거를 1명에게 몇 개씩 나누어 주어야 합니까?

 2 석기네 비닐하우스에서는 3일 동안 상추를 174 kg 생산합니다. 매일 같은 양의 상추를 생산한다면, 5주일 동안 생산한 상추는 모두 몇 kg입니까?

 3 색연필은 3자루에 2250원이고 연필은 4자루에 1280원입니다. 색연필 6자루와 연필 16자루를 사는 데 필요한 돈은 얼마입니까?

❖ **덧셈, 뺄셈, 곱셈의 혼합 계산**

$$38+9\times6-27=65$$

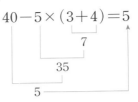

덧셈, 뺄셈, 곱셈이 섞여 있는 식은 곱셈을 먼저 계산합니다.

❖ **덧셈, 뺄셈, 곱셈, ( )가 있는 혼합 계산**

$$40-5\times(3+4)=5$$

( )가 있고 덧셈, 뺄셈, 곱셈이 섞여 있는 식에서는 ( ) 안을 먼저 계산합니다.

> **Jump도우미**
>
> ☆ 덧셈, 뺄셈, 곱셈이 섞여 있는 식은 곱셈을 먼저 계산합니다.

1 □ 안에 알맞은 수를 써넣으시오.

$$32+48-13\times4=32+\boxed{}-\boxed{}$$
$$=\boxed{}-\boxed{}=\boxed{}$$

2 식을 세우고 계산을 하시오.

(1) 60에서 12와 5의 합을 2배 한 수를 뺀 값
(2) 19에서 6을 뺀 값과 7을 4배 한 값의 합

3 □ 안에 알맞은 수를 써넣으시오.

$$52-(\boxed{}+3\times8-36)=45$$

4 한솔이네 반 학생 35명 중에서 11명씩 2팀은 발야구를 하고 나머지는 다른 반 학생 15명과 피구를 하였습니다. 피구를 한 학생은 모두 몇 명입니까?

핵심 응용 참외 3개와 자두 8개를 사고 7000원을 냈더니 거스름돈으로 840원을 받았습니다. 참외 1개의 값이 1200원일 때, 자두 1개의 값은 얼마입니까?

생각 열기 참외 3개와 자두 8개의 값은 얼마인지 생각해 봅니다.

풀이 7000원에서 참외 3개와 자두 8개의 값을 빼면 [ ]원입니다.

자두 1개의 값을 ■원이라 하면

$7000 - (\boxed{} \times 3 + ■ \times 8) = \boxed{}$ 입니다.

$7000 - (\boxed{} + ■ \times 8) = \boxed{}$, $\boxed{} + ■ \times 8 = 7000 - \boxed{}$,

$■ \times 8 = \boxed{} - \boxed{}$, $■ \times 8 = \boxed{}$, $■ = \boxed{}$

따라서 자두 1개의 값은 [ ]원입니다.

답 _____

 1 보기와 같은 방법으로 8◎(7◎9)를 계산하시오.

보기

가◎나＝가×(나－5)－15

 2 어떤 수를 9로 나누고 150을 더한 수에서 7을 5배 한 수를 뺐더니 121이 되었습니다. 어떤 수는 얼마입니까?

3 어머니와 웅이의 나이의 합은 51살이고 어머니의 연세는 웅이 나이의 3배보다 3살 더 많습니다. 어머니의 연세는 몇 세입니까?

❖ **덧셈, 뺄셈, 나눗셈의 혼합 계산**

$$300+600\div5-50=370$$

덧셈, 뺄셈, 나눗셈이 섞여 있는 식은 나눗셈을 먼저 계산합니다.

❖ **덧셈, 뺄셈, 나눗셈, ( )가 있는 혼합 계산**

$$30+60\div5-(6+8)=28$$

( )가 있고 덧셈, 뺄셈, 나눗셈이 섞여 있는 식은 ( ) 안을 먼저 계산합니다.

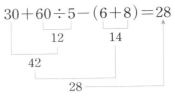 Jump도우미

1 □ 안에 알맞은 수를 써넣으시오.

$$6+42\div7-11=6+\boxed{}-11$$
$$=\boxed{}-11$$
$$=\boxed{}$$

☆ 덧셈, 뺄셈, 나눗셈이 섞여 있는 식은 나눗셈을 먼저 계산합니다.

2 식을 세우고 계산을 하시오.

(1) 27과 18의 합을 5로 나눈 몫에서 3을 뺀 값
(2) 32에서 48을 4와 2의 합으로 나눈 몫을 뺀 값

3 ○ 안에 +, −, ×, ÷ 중에서 알맞은 기호를 써넣으시오.

$$14\bigcirc10\bigcirc5\bigcirc1=13$$

☆ +, −, ×, ÷를 하나씩 넣어 봅니다.

4 예슬이네 어머니께서는 시장에서 4 kg에 9600원 하는 고구마 1 kg과 1묶음에 3500원 하는 오이 1묶음을 사고 5000원을 냈다면, 얼마를 더 내야 합니까?

 핵심 응용 신영이는 140쪽, 125쪽, 321쪽짜리 위인전 3권을 읽었습니다. 첫째 날에는 145쪽을 읽었고 나머지는 일주일 동안 똑같이 나누어 읽었습니다. 신영이는 일주일 동안 위인전을 하루에 몇 쪽씩 읽었습니까?

생각열기 신영이가 일주일 동안 읽어야 하는 위인전의 쪽수를 알아봅니다.

풀이 신영이가 읽어야 하는 위인전의 쪽수는 모두

140 + ☐ + ☐ = ☐ (쪽)이고 이 중에서 145쪽을 읽었으므로

일주일 동안 ☐ − 145 = ☐ (쪽)을 읽어야 합니다.

따라서 신영이는 일주일 동안 위인전을 하루에

(140 + ☐ + ☐ − 145) ÷ 7 = ☐ ÷ 7 = ☐ (쪽)씩 읽었습니다.

 답 _____

 1 줄넘기를 웅이는 6일 동안 726번, 효근이는 9일 동안 1053번 넘었습니다. 웅이와 효근이는 매일 같은 횟수씩 줄넘기를 넘었다면, 두 사람이 하루에 넘은 줄넘기 횟수의 합을 구하시오.

 2 영수가 가지고 있는 돈은 석기가 가지고 있는 돈에서 300원을 더한 것의 반보다 700원 더 적다고 합니다. 석기가 가지고 있는 돈이 2700원이라면, 영수가 가지고 있는 돈은 얼마입니까?

 3 한별이네 학교 5학년 학생들은 수학과 과학 중에서 어느 과목을 더 좋아하는지 조사하였습니다. 수학을 좋아하는 학생은 과학을 좋아하는 학생의 2배보다 6명 많았습니다. 수학을 좋아하는 학생이 28명이라면, 한별이네 학교 5학년 학생은 모두 몇 명입니까?

❖ 덧셈, 뺄셈, 곱셈, 나눗셈의 혼합 계산

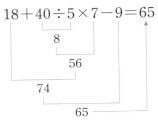

$$18+40\div5\times7-9=65$$

덧셈, 뺄셈, 곱셈, 나눗셈이 섞여 있는 식은 곱셈이나 나눗셈을 먼저 계산합니다.

❖ ( )가 있는 혼합 계산

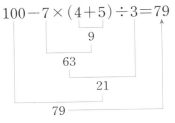

$$100-7\times(4+5)\div3=79$$

( )가 있는 식은 ( ) 안을 먼저 계산합니다.

Jump도우미

〈혼합 계산식의 계산 순서〉
① ( ) 안을 먼저 계산합니다.
② 곱셈과 나눗셈을 앞에서부터 차례로 계산합니다.
③ 덧셈과 뺄셈을 앞에서부터 차례로 계산합니다.

❶ 두 식을 하나의 식으로 나타내시오.

$$36\div2+36=54, \qquad (170-8)\div54+16=19$$

❷ 식을 세우고 계산을 하시오.

(1) 46과 24의 차와 7의 곱에 28을 4로 나눈 몫을 더한 값
(2) 50에 3과 8의 곱을 더한 수에서 35를 5로 나눈 몫을 뺀 값

❸ □ 안에 알맞은 수를 써넣으시오.

$$36\div6+(\boxed{}\times3-5)+2=21$$

❹ 각도기 1개의 값은 380원이고 자 5개의 값은 1550원입니다. 각도기 2개, 자 3개를 사고 1500원을 냈다면, 얼마를 더 내야 합니까?

Jump② 핵심응용하기

핵심 응용 배 4개와 1개에 1250원짜리 복숭아 3개를 사고 9000원을 내었더니 거스름돈으로 450원을 받았습니다. 배 1개의 값은 얼마입니까?

생각열기 배 4개의 값은 얼마인지 알아봅니다.

풀이 복숭아 3개의 값은 □×3=□(원)이므로 배 4개의 값은

9000−□−450=□(원)입니다.

따라서 배 1개의 값은

(9000−□×3−450)÷4=□÷4=□(원)입니다.

답 _____

 1 석기는 파란색 구슬을 23개, 노란색 구슬을 35개 가지고 있고 지혜는 석기가 가지고 있는 구슬의 3배보다 14개 더 적게 가지고 있습니다. 지혜가 가지고 있는 구슬을 1명에게 8개씩 나누어 준다면, 몇 명에게 나누어 줄 수 있습니까?

 2 가영이네 반은 남학생 5명과 여학생 7명을 한 모둠으로 하면 2모둠입니다. 청소 시간에는 8모둠으로 만들어 그중에서 6모둠은 교실 청소를 하고 나머지는 복도 청소를 합니다. 복도 청소를 하는 학생은 모두 몇 명입니까?

 3 무게가 똑같은 케이크 7조각을 접시에 담아 무게를 재어 보니 1182 g이었습니다. 여기에 케이크 4조각을 더 놓고 무게를 재어 보니 1734 g이었습니다. 접시만의 무게는 몇 g입니까?

❖ **계산식에서 규칙 찾기**

처음부터 네 번째까지의 바둑돌 수의 합 구하기

① $1+3+5+7=8\times2=16$(개)

② $4\times4=16$(개)

❖ **규칙을 찾아 계산하기**

 ······

• 여섯 번째에 놓일 모양 중에서 ■는
$2+0+1+2+0+1=6$(개)입니다.

• 60번째에 놓일 모양 중에서 ■는
$60\div3\times(2+1)=60$(개)입니다.

 Jump도우미

1 규칙대로 놓은 공깃돌을 보고 물음에 답하시오.

   ······

(1) 다섯 번째에 놓일 공깃돌은 몇 개입니까?
(2) 처음부터 여섯 번째까지 놓인 공깃돌은 모두 몇 개입니까?

☆ 공깃돌을 하나, 둘, 셋 등으로 세어 보며 규칙이 무엇인지 생각해 봅니다.

2 그림과 같이 면봉으로 삼각형을 만들었습니다. 삼각형을 12개 만드는 데 필요한 면봉은 모두 몇 개입니까?

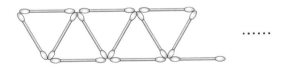 ······

☆ 삼각형의 수가 1개씩 늘어날 때 필요한 면봉의 수를 생각해 봅니다.

3 규칙대로 쌓은 쌓기나무를 보고 여덟 번째에 쌓일 쌓기나무의 수를 구하시오.

   ······

핵심 응용 규칙대로 놓은 바둑돌을 보고 8번째에 놓일 검은색 바둑돌은 흰색 바둑돌보다 몇 개 더 많은지 구하시오.

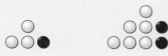

 바둑돌이 놓이는 규칙을 생각해 봅니다.

풀이 검은색 바둑돌은 3, ☐, ······개씩 많아지므로 8번째에는

$1+3+☐+☐+☐+☐+☐+☐$

$=(☐+☐)×☐÷2=☐$(개)가 놓이고

흰색 바둑돌은 3, ☐, ······개씩 많아지므로 8번째에는

$3+(3+☐+☐+☐+☐+☐+☐)$

$=3+(☐+☐)×☐÷2=☐$(개)가 놓입니다.

따라서 8번째에 놓일 검은색 바둑돌은 흰색 바둑돌보다

☐$-$☐$=$☐(개) 더 많습니다.

답 _____

 1 규칙에 따라 유리컵을 놓았습니다. 6번째까지 유리컵을 놓으려면, 유리컵은 모두 몇 개 필요합니까?

 2 규칙대로 놓은 바둑돌을 보고 8번째에 놓일 검은색 바둑돌은 흰색 바둑돌보다 몇 개 더 많은지 구하시오.

1 ☐ 안에 들어갈 수 있는 자연수는 모두 몇 개입니까?

$$24 + \square \times 5 < 8 \times 12 - 15 \div 3$$

2 25개씩 들어 있는 귤 24상자와 16개씩 들어 있는 사과 5상자가 있습니다. 귤 40 개를 썩어서 버렸다면, 남은 귤의 수는 사과 수의 몇 배입니까?

3 보트 1척을 빌려 타는 데 10분에 4500원씩 내야 합니다. 보트 5척을 10명이 2시 간 30분 동안 빌려 타려고 합니다. 10명이 똑같이 돈을 낸다면, 한 사람이 얼마 씩 내야 합니까?

4 어느 아파트 단지에는 10층짜리가 5개동, 12층짜리가 3개동, 15층짜리가 7개동 있고 한 층에는 9가구씩 들어갑니다. 아직 이사를 다 오지 않아서 10층짜리는 7가구, 12층짜리는 13가구, 15층짜리는 6가구가 비어 있습니다. 현재 이 아파트 단지에 살고 있는 전체 가구 수를 구하시오.

5 길이가 12 m인 벽이 있습니다. 이 벽에 그림과 같이 가로가 35 cm인 그림 26장을 한 줄로 일정한 간격으로 붙이려고 합니다. 벽의 양쪽 끝을 20 cm씩 띄어둔다면 그림과 그림 사이의 간격은 몇 cm입니까?

6 효근이는 지난 식목일에 둘레의 길이가 350 m인 호수의 둘레에 장미꽃을 140 cm 간격으로 심었습니다. 장미꽃의 값이 4송이에 3000원이었다면, 장미꽃의 값은 모두 얼마가 들었습니까?

7 규형이는 10000원을 가지고 1500원짜리 참외 5개를 샀습니다. 남은 돈과 아버지께서 주신 돈으로 3000원짜리 동화책을 2권 샀더니 남은 돈이 없었습니다. 아버지께서 주신 돈은 얼마입니까?

8 어떤 수를 4의 7배인 수로 나누고 12를 곱해야 하는 데 잘못하여 어떤 수를 4로 나누고 7을 곱하였더니 98이 되었습니다. 바르게 계산하면 얼마입니까?

9 ㉮★㉯＝㉮×(㉮＋5)×㉯라고 할 때, ☐ 안에 알맞은 수를 써넣으시오.

$$15 ★ \boxed{} = 3600$$

10 다음과 같이 면봉을 사용하여 정육각형과 정사각형을 차례로 만들어 나갈 때, 정사각형 10개를 만들기 위해서는 최소한 몇 개의 면봉이 있어야 합니까?

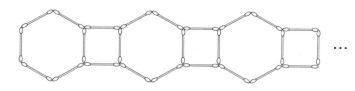

11 문구점에서 1타에 8400원 하는 색연필을 도매점에서 25타를 샀더니 문구점에서 사는 것보다 63000원을 싸게 살 수 있었습니다. 도매점에서 파는 색연필은 1자루에 얼마입니까? (단, 색연필 1타는 12자루입니다.)

12 똑같은 구슬 12개가 들어 있는 주머니의 무게를 재어 보니 410 g이었습니다. 여기에 똑같은 구슬 5개를 더 넣고 무게를 재어 보니 550 g이었습니다. 주머니만의 무게는 몇 g인지 하나의 식을 만들고 답을 구하시오.

13 오른쪽 그림과 같이 파란색 구슬을 주황색 구슬로 둘러싸는 것을 5번 반복하였습니다. 사용한 주황색 구슬은 모두 몇 개입니까?

14 어느 사탕 가게에서는 5개에 750원 하는 사탕을 사와서 1봉지에 3개씩 넣어 600원에 팔고 있습니다. 오늘 사탕을 팔아 얻은 이익이 8250원이라면, 오늘 판 사탕은 모두 몇 봉지입니까?

15 74와 150을 어떤 수로 나누었을 때, 각각의 나머지의 합은 14이고 몫은 큰 쪽이 작은 쪽의 2배라고 합니다. 어떤 수가 될 수 있는 수는 모두 몇 개입니까?

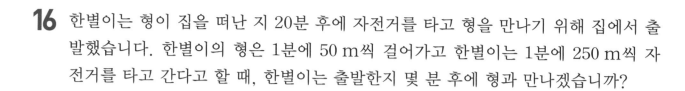

16 한별이는 형이 집을 떠난 지 20분 후에 자전거를 타고 형을 만나기 위해 집에서 출발했습니다. 한별이의 형은 1분에 50 m씩 걸어가고 한별이는 1분에 250 m씩 자전거를 타고 간다고 할 때, 한별이는 출발한지 몇 분 후에 형과 만나겠습니까?

17 달걀 600개를 1개에 100원씩 주고 사 오다가 30개를 깨뜨리고 나머지는 1개에 150원씩 팔았습니다. 달걀을 팔아 생긴 이익금을 몇 명이 똑같이 나누었더니 5100원씩 갖게 되었습니다. 모두 몇 명이 이익금을 나누어 가졌습니까?

18 보기를 보고 규칙을 찾아 다음 식을 계산하시오.

$$(6♣4)♣(7♣3)$$

1 서울에서 부산까지 경부고속도로의 길이는 435 km라고 합니다. 트럭은 부산에서 서울로, 고속버스는 서울에서 부산으로 동시에 출발하여 경부고속도로를 달리고 있습니다. 1시간 동안 트럭은 72 km를 달리고 고속버스는 96 km를 달릴 수 있다면, 고속버스와 트럭 사이의 거리가 처음으로 15 km가 되는 때는 출발한지 몇 분 후입니까?

2 5학년 체육대회에서 이긴 백 팀 학생들에게 공책을 나누어 주려고 합니다. 1명에게 8권씩 나누어 주면 38권이 남고 11권씩 나누어 주려면 133권이 부족하다고 합니다. 준비한 공책은 모두 몇 권입니까?

3 보기 의 식은 5를 4번 사용하여 계산 결과가 1이 되도록 만든 것입니다. 이와 같이 7을 5번 사용하여 계산 결과가 1이 되는 식을 만들어 보시오.

보기
$$(5 \times 5) \div (5 \times 5) = 1$$

4 다음 식의 ◯ 안에 +를 2개, ×를 2개 넣어 계산하려고 합니다. 계산 결과가 가장 클 때와 가장 작을 때의 계산 결과의 차를 구하시오.

$$4 \bigcirc 5 \bigcirc 6 \bigcirc (7 \bigcirc 8)$$

5 진호, 민재, 연우, 지영이가 가지고 있는 색종이는 모두 148장입니다. 색종이를 진호는 민재에게 7장을 주고, 민재는 연우에게 7장을, 연우는 지영이에게 4장을, 지영이는 진호에게 9장을 주었더니 네 사람이 가진 색종이의 수가 같아졌습니다. 진호가 처음에 가지고 있는 색종이는 몇 장입니까?

6 보기와 같이 등식이 성립하도록 주어진 숫자 사이에 ×, +, −를 한 번씩 알맞게 써 넣으시오.

> **보기**
> $2\ 2\ 2\ 2\ 2\ 2 = 422$ ➡ $2\ 2\ 2 \times 2 - 2\ 2 = 422$

$$3\ 3\ 3\ 3\ 3\ 3\ 3\ 3 = 399$$

7 저금통에 500원짜리 동전이 6개, 100원짜리 동전이 5개, 10원짜리 동전이 2개 들어 있었습니다. 이 저금통에 500원짜리 동전 몇 개를 넣었더니 500원짜리 동전의 수가 전체 동전 수의 $\frac{2}{3}$ 보다 3개 더 많아졌습니다. 더 넣은 500원짜리 동전은 몇 개입니까?

8 동민이는 할아버지 댁에 가기 위해 ㉮ 기차역에서 20분에 24 km씩 가는 기차를 타고 ㉯ 기차역에서 내렸습니다. ㉯ 기차역에서 할아버지 댁까지 1분에 100 m의 빠르기로 걸어서 도착하였습니다. ㉮ 기차역에서 할아버지 댁까지 가는 데 걸린 시간은 2시간 15분이고 기차를 탄 시간이 걸어서 간 시간의 8배일 때, ㉮ 기차역에서 할아버지 댁까지의 거리는 몇 km 몇 m입니까?

9 어떤 두 수의 차는 613이고 큰 수를 작은 수로 나누면 몫이 5, 나머지가 73입니다. 두 수의 합을 구하시오.

10 신영이는 매일 아침 우유를 1팩씩 배달시켜 먹습니다. 8월 달 중에 우유 1팩의 값이 700원에서 750원으로 인상되어 8월 달의 우유값이 22400원이었습니다. 우유값이 인상된 날짜는 며칠부터입니까?

11 그림과 같이 바둑돌을 규칙적으로 늘어놓았습니다. 맨 아랫줄의 바둑돌이 99개일 때, 전체 놓인 바둑돌은 무슨 색 바둑돌이 몇 개 더 많습니까?

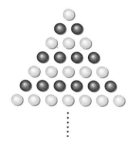

12 다음 식에서 ㉠은 한 자리 수입니다. ㉡이 200보다 크고 500보다 작을 때, ㉠의 값이 될 수 있는 자연수는 모두 몇 개입니까?

$$(8+23×㉠)×3-25=㉡$$

13 다음 식의 가, 나, 다, 라에는 4장의 숫자 카드 2, 3, 4, 7 중 하나가 들어갑니다. 네 자리 수 가나다라를 구하시오. (단, 가 > 나)

$$7 가 + 13 나 = 4 다 \times (20 \div 라)$$

14 영수는 생일 잔치에 초대한 8명에게 똑같이 나누어 주려고 사탕을 몇 개 준비하였습니다. 그런데 2명이 참석하지 않아서 1명에게 1개씩 더 주었더니 사탕이 4개 남았습니다. 영수가 준비한 사탕은 모두 몇 개입니까?

15 어느 미술관의 입장료는 1200원입니다. 20명이 넘는 단체일 때에는 20명을 넘은 사람들에 대해서 50원씩 할인해 주고 30명이 넘으면 30명을 넘은 사람들에 대해서 100원씩 더 할인해 줍니다. 용희네 학교 5학년 학생들의 입장료가 44950원이라면, 용희네 학교 5학년 학생들은 모두 몇 명입니까?

16 한 변의 길이가 60 cm인 정사각형 모양의 종이 가, 나가 있습니다. 종이 가는 폭이 5 cm가 되도록 잘라서 3 cm씩 겹치도록 하여 길게 이었고 종이 나는 폭이 6 cm가 되도록 잘라서 몇 cm씩 겹치도록 하여 길게 이었습니다. 종이 가를 길게 이은 길이가 종이 나를 길게 이은 길이보다 105 cm 더 길었다면, 종이 나는 몇 cm씩 겹치도록 이은 것입니까?

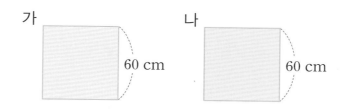

17 □ 안에 주어진 수와 기호, (   )를 한 번씩 써넣어 식을 만들려고 합니다. 계산 결과가 가장 큰 자연수일 때의 식을 만들고, 그 값을 구하시오.

$$2, 4, 6, 8, 10, +, -, \times, \div, (\quad)$$

□ □ □ □ □ □ □ □ □ □ □ = □

18 보기 를 보고 ★, ◎, ▲에 알맞은 규칙을 찾아 다음 식을 계산하시오.

보기

2★3=1	2◎3=1	2▲3=5
4★5=11	4◎5=3	4▲5=19
6★5=31	6◎8=4	6▲7=41

$$(7★5)▲(4◎6)$$

👣 다음 을 만족하도록 원 안에 자연수를 넣으려고 합니다. 물음에 답하시오. [1~3]

> 조건
>
> • 1부터 30까지의 자연수를 넣습니다.
> • 원 안의 어떤 수를 2배 한 수는 그 원 안에 없습니다.

1 오른쪽 원 안에 1이 있습니다. 이 원 안에 더 넣을 수 있는 수는 최대 몇 개입니까?

2 오른쪽 원 안에 30, 29, 28, ……과 같이 가장 큰 수부터 차례로 수를 넣으려고 합니다. 가장 많은 수를 넣을 때 모두 몇 개까지 넣을 수 있습니까?

30, 29, 28, ……

3 오른쪽 원 안에 3, 4, 14, 21이 들어 있습니다. 이 원 안에 작은 수부터 차례로 더 넣을 때, 모두 몇 개까지 넣을 수 있습니까?

② 약수와 배수

1. 약수와 배수 알아보기
2. 약수와 배수의 관계 알아보기
3. 공약수와 최대공약수 알아보기
4. 공배수와 최소공배수 알아보기

 이야기 수학

✳ 합성수, 나는 행복한 수

하늘을 혼자서 날아가는 새는 외로운 느낌이 듭니다.

하지만 여럿이 함께 줄지어 날아가는 새들의 모습은 왠지 행복해 보입니다.

그럼 수는 어떨까요? 수에도 외로운 수가 있고 외롭지 않은 수가 있을까요?

1, 2, 3, 4, 5, 6, 7, 8, ……

1은 1로만 나누어지니까 1만 친구, 2는 1과 2, 3은 1과 3, 4는 1, 2, 4를 친구로 삼고 있다는 것을 알 수 있습니다.

이렇게 수의 친구들은 하나의 수로 나누어떨어지는 것들입니다. 이것을 바로 '약수'라고 합니다.

약수가 자기 자신과 1밖에 없는 수를 '소수'라고 하고, 약수가 많은 수를 '합성수'라고 합니다.

그러니까 소수는 외롭지만 합성수는 친구가 많아서 행복한 수인 셈입니다.

❖ **약수 알아보기**

8을 나누어떨어지게 하는 수를 8의 약수라고 합니다.

8을 1, 2, 4, 8로 나누면 나누어떨어집니다. 이때 1, 2, 4, 8을 8의 약수라고 합니다.

참고 소수와 합성수

• 소수 : 1보다 큰 자연수 중에서 1과 자기 자신 만을 약수로 가지는 수, 즉 약수의 개수가 2개인 수입니다.

• 합성수 : 1보다 큰 자연수 중에서 약수의 개수가 3개 이상인 수입니다.

• 1은 소수도 합성수도 아닌 수입니다.

❖ **배수 알아보기**

3을 1배, 2배, 3배, 4배, …… 한 수 3, 6, 9, 12, …… 를 3의 배수라고 합니다.

❖ **특별한 수의 배수 판별법**

• 3의 배수 : 각 자리 숫자의 합이 3의 배수인 수

• 4의 배수 : 끝의 두 자리 수가 00이거나 4의 배수인 수

• 5의 배수 : 일의 자리 숫자가 0이거나 5인 수

• 6의 배수 : 2의 배수이면서 3의 배수인 수

• 8의 배수 : 끝의 세 자리 수가 000이거나 8의 배수인 수

• 9의 배수 : 각 자리 숫자의 합이 9의 배수인 수

• 11의 배수 : 건너뛴 자리 숫자의 합의 차가 0이거나 11의 배수인 수

Jump도우미

1 36과 42 중에서 약수의 개수는 어느 것이 몇 개 더 많습니까?

☆ 수가 크다고 해서 반드시 약수가 많은 것은 아닙니다.

2 한초는 연필 한 타를 친구들에게 남김없이 똑같이 나누어 주려고 합니다. 몇 명에게 나누어 줄 수 있는지 모두 구하시오. (단, 한초의 친구는 2명 이상입니다.)

☆ 연필 한 타는 12자루입니다.

3 30부터 50까지의 자연수 중에서 6의 배수는 몇 개입니까?

☆ 1부터 50까지의 수 중 6의 배수의 개수와 1부터 29까지의 수 중 6의 배수의 개수를 구하여 그 차를 알아봅니다.

4 80의 약수 중에서 5의 배수를 모두 구하시오.

5 1000보다 작은 8의 배수 중에서 가장 작은 수와 가장 큰 수의 합은 얼마입니까?

☆ ■의 배수 중 가장 작은 수는 ■입니다.

핵심 응용 1부터 200까지의 자연수 중에서 3의 배수와 5의 배수는 어느 것이 몇 개 더 많습니까?

생각 열기 3의 배수의 개수와 5의 배수의 개수를 각각 구해 봅니다.

풀이 1부터 200까지의 자연수 중 3의 배수는 200÷□=□…□이므로

□개이고 5의 배수는 200÷□=□이므로 □개입니다.

따라서 □의 배수가 □−□=□(개) 더 많습니다.

답 _____

확인 1 70을 어떤 자연수로 나누었더니 나머지가 7이었습니다. 어떤 자연수를 모두 구하시오.

확인 2 1부터 100까지의 자연수 중에서 7의 배수의 합을 구하시오.

확인 3 4장의 숫자 카드 중에서 3장을 뽑아 만들 수 있는 세 자리 수 중에서 가장 큰 9의 배수와 가장 작은 3의 배수의 차를 구하시오.

2   6   7   9

확인 4 [㉠]은 ㉠의 약수의 개수를 나타냅니다. 예를 들면, 4의 약수는 3개이므로 [4]=3입니다. 다음을 계산하시오.

([18]+[36])×[49]

❖ 두 수의 곱을 이용하여 12의 약수와 배수 구하기

$$12 = 1 \times 12 \quad 12 = 2 \times 6 \quad 12 = 3 \times 4$$

➡ 12는 1, 2, 3, 4, 6, 12의 배수입니다.

➡ 1, 2, 3, 4, 6, 12는 12의 약수입니다.

➡ 곱셈식을 이용하여 약수와 배수 관계를 알아볼 때, $2 \times 6 = 12$와 $6 \times 2 = 12$는 같은 식으로 생각합니다.

❖ 여러 수의 곱을 이용하여 30의 약수와 배수 구하기

$$30 = 5 \times 6 = 5 \times 2 \times 3$$

➡ 30은 1, 2, 3, 5, 6($=2 \times 3$), 10($=2 \times 5$), 15($=3 \times 5$), 30($=2 \times 3 \times 5$)의 배수입니다.

➡ 1, 2, 3, 5, 6($=2 \times 3$), 10($=2 \times 5$), 15($=3 \times 5$), 30($=2 \times 3 \times 5$)은 30의 약수입니다.

Jump도우미

① 수를 보고 ☐ 안에 알맞은 수를 써넣으시오.

$$10 = 1 \times 10 \qquad 10 = 2 \times 5$$

┌ 10은 ☐, ☐, 5, ☐ 의 배수입니다.
└ 1, ☐, ☐, 10은 10의 약수입니다.

② 두 수가 약수와 배수의 관계인 것을 찾아 기호를 쓰시오.

　　㉠ (28, 42)　　　㉡ (90, 60)
　　㉢ (56, 63)　　　㉣ (34, 102)

★ 큰 수를 작은 수로 나눌 때, 나누어떨어지면 큰 수는 작은 수의 배수이고 작은 수는 큰 수의 약수입니다.

③ 자연수 중에서 2와 3을 동시에 약수로 갖는 수를 가장 작은 수부터 차례로 5개를 구하시오.

★ 2와 3을 동시에 약수로 갖는 수 중에서 가장 작은 수를 구해 봅니다.

④ 가는 나의 배수이고 나는 다의 배수입니다. 다음 중 옳지 않은 것을 고르시오. (단, 가, 나, 다는 서로 다른 수입니다.)

　　㉠ 나는 가의 약수입니다.
　　㉡ 다는 나의 약수입니다.
　　㉢ 가는 다의 약수입니다.
　　㉣ 가는 나와 다보다 큰 수입니다.

핵심 응용 16의 배수 중에서 100에 가장 가까운 수를 ㉠이라고 할 때, ㉠의 약수 중 두 번째로 큰 수를 구하시오.

생각 열기 ㉠이 100보다 작은 수인지 큰 수인지 알아봅니다.

풀이 100÷☐=☐ … ☐이므로 16×☐=☐, 16×☐=☐입니다.

☐과 ☐ 중에서 100에 더 가까운 수는 ☐이므로 ㉠은 ☐입니다.

따라서 ㉠을 두 수의 곱으로 나타내면 ㉠=1×☐, ㉠=2×☐,

……이므로 ㉠의 약수 중 두 번째로 큰 수는 ☐입니다.

답 _____

확인 **1** 왼쪽 수는 오른쪽 수의 배수입니다. ☐ 안에 들어갈 수 있는 수들의 합을 구하시오.

(36, ☐)

확인 **2** 한 변의 길이가 1 cm인 정사각형 모양의 종이가 30장 있습니다. 이 종이를 겹치지 않게 빈틈없이 모두 이어 붙여서 직사각형 모양을 만들려고 합니다. 모두 몇 가지 모양의 직사각형을 만들 수 있습니까? (단, 뒤집거나 돌려서 같은 모양이 되는 것은 한 가지로 생각합니다.)

확인 **3** 39와 ㉠, 42와 ㉡은 각각 약수와 배수의 관계입니다. ㉠, ㉡이 두 자리 수라고 할 때, ㉠과 ㉡의 차가 가장 큰 경우의 차를 구하시오.

❖ **공약수와 최대공약수 알아보기**

1, 2, 3, 6은 12의 약수도 되고 18의 약수도 됩니다. 이와 같이 12와 18의 공통인 약수 1, 2, 3, 6을 12와 18의 공약수라고 합니다. 공약수 중에서 가장 큰 수 6을 12와 18의 최대공약수라고 합니다.

❖ **최대공약수 구하기(1)**

$$12 = 2 \times 2 \times 3 \qquad 18 = 2 \times 3 \times 3$$
$$\underset{6}{\shortparallel} \qquad\qquad\qquad \underset{6}{\shortparallel}$$

12와 18의 최대공약수

❖ **최대공약수 구하기(2)**

```
12와 18의 공약수 ←  2 ) 12   18
 6과 9의 공약수 ←  3 )  6    9
                      2    3
            2 × 3 = 6
```
12와 18의 최대공약수

❖ **공약수와 최대공약수의 관계**

두 수의 공약수는 두 수의 최대공약수의 약수와 같습니다.

Jump도우미

① 어떤 두 수의 최대공약수가 18일 때, 이 두 수의 공약수의 개수를 구하시오.

> 두 수의 최대공약수의 약수는 두 수의 공약수와 같습니다.

② 140과 210을 어떤 수로 나눌 때, 나머지 없이 나눌 수 있는 어떤 수를 모두 구하시오.

③ 가로, 세로가 각각 96 cm, 144 cm인 직사각형 모양의 종이가 있습니다. 이 종이를 남는 부분이 없도록 잘라서 똑같은 크기의 정사각형을 여러 개 만들려고 합니다. 만들 수 있는 정사각형 중 가장 큰 정사각형의 한 변의 길이는 몇 cm입니까?

④ 연필 6타, 볼펜 60자루를 되도록 많은 학생들에게 남김없이 똑같이 나누어 주려고 합니다. 최대 몇 명까지 나누어 줄 수 있습니까? 이때 한 명에게 연필과 볼펜은 각각 몇 자루씩 나누어 주면 되겠습니까?

> 연필 수와 볼펜 수의 최대공약수만큼의 학생들에게 나누어 줍니다.

 핵심 응용

별 모양 붙임 딱지 89장과 꽃 모양 붙임 딱지 57장을 되도록 많은 학생들에게 똑같이 나누어 주려고 했더니 별 모양 붙임 딱지는 5장이 남고 꽃 모양 붙임 딱지는 3장이 부족하였습니다. 최대 몇 명의 학생에게 나누어 주려고 했습니까?

생각열기 붙임 딱지를 나누어 주는 방법을 생각해 봅니다.

풀이 별 모양 붙임 딱지는 89−☐=☐(장), 꽃 모양 붙임 딱지는

57+☐=☐(장) 필요하므로 ☐와 ☐의 최대공약수를 구합니다.

따라서 ☐와 ☐의 최대공약수는 ☐이므로 붙임 딱지를 나누어 주려고 한 학생 수는 최대 ☐명입니다.

 답 _____

 1 네 자연수 ㉮, ㉯, ㉰, ㉱에서 ㉮, ㉯의 최대공약수는 64이고 ㉰, ㉱의 최대공약수는 48입니다. ㉮, ㉯, ㉰, ㉱의 공약수와 최대공약수를 구하시오.

 2 과자 60개, 초콜릿 45개, 사탕 75개를 학생들에게 남김없이 똑같이 나누어 주려고 합니다. 될 수 있는 대로 많은 학생들에게 똑같이 나누어 줄 때, 한 학생에게 과자, 초콜릿, 사탕을 각각 몇 개씩 나누어 줄 수 있습니까?

 3 세 수를 어떤 수로 나누면 나머지가 각각 5입니다. 어떤 수를 구하시오.

| 89 | 71 | 83 |

Jump ❶ 핵심알기 4. 공배수와 최소공배수 알아보기

❖ **공배수와 최소공배수 알아보기**

36, 72, 108, ……은 12의 배수도 되고 18의 배수도 됩니다. 이와 같이 12와 18의 공통인 배수 36, 72, 108, ……을 12와 18의 공배수라고 합니다. 공배수 중에서 가장 작은 수 36을 12와 18의 최소공배수라고 합니다.

❖ **최소공배수 구하기(1)**

$$12 = 2 \times \boxed{2 \times 3} \qquad 18 = \boxed{2 \times 3} \times 3$$

$$\boxed{2 \times 3} \times 2 \times 3 = 36 \rightarrow \text{12와 18의 최소공배수}$$

❖ **최소공배수 구하기(2)**

$$\begin{array}{r} 2\,)\underline{\,12 \quad 18\,} \\ 3\,)\underline{\,6 \quad 9\,} \\ 2 \quad 3 \end{array}$$

$$2 \times 3 \times 2 \times 3 = 36 \rightarrow \text{12와 18의 최소공배수}$$

❖ **공배수와 최소공배수의 관계**

두 수의 공배수는 두 수의 최소공배수의 배수와 같습니다.

참고 두 수의 곱은 두 수의 최대공약수와 최소공배수의 곱과 같습니다.

$$12 \times 18 = 6 \times 36 = 216$$

Jump도우미

❶ 어떤 수를 28과 42로 나누었더니 나누어떨어졌습니다. 어떤 수 중에서 가장 작은 수부터 차례로 3개를 구하시오.

❷ 가로가 15 cm, 세로가 12 cm인 직사각형 모양의 카드를 겹치지 않게 빈틈없이 늘어놓아 될 수 있는 대로 작은 정사각형을 만들려고 합니다. 정사각형의 한 변의 길이는 몇 cm로 해야 합니까?

❸ 서울에서 부산으로는 20분마다, 광주로는 16분마다 버스가 출발한다고 합니다. 두 버스가 오전 9시 20분에 처음으로 동시에 출발했다면 다음 번에 동시에 출발하는 시각은 몇 시 몇 분입니까?

★ 두 버스가 몇 분마다 동시에 출발하는지 알아봅니다.

❹ 어떤 수를 14와 22로 나누면 각각 나머지가 2입니다. 어떤 수 중에서 가장 작은 수를 구하시오.

Jump 2 핵심응용하기

핵심 응용

톱니 수가 50개인 ㉮ 톱니바퀴와 톱니 수가 75개인 ㉯ 톱니바퀴가 맞물려 돌아가고 있습니다. 회전하기 전에 맞물렸던 곳에서 톱니가 처음으로 다시 맞물리려면 ㉮, ㉯ 톱니바퀴는 각각 몇 바퀴를 돌아야 합니까?

생각 열기 먼저 50과 75의 최소공배수를 알아봅니다.

풀이 50과 75의 최소공배수는 ☐ 이므로 톱니 ☐ 개가 맞물려야 처음으로 맞물렸던 톱니끼리 다시 맞물리게 됩니다.

따라서 ㉮ 톱니바퀴는 ☐ ÷ ☐ = ☐ (바퀴), ㉯ 톱니바퀴는

☐ ÷ ☐ = ☐ (바퀴) 돌아야 합니다.

답 _____

 1 다음 조건을 만족하는 수를 모두 구하시오.

- 2와 3의 배수입니다.
- 4와 8의 배수입니다.
- 100과 150 사이의 수입니다.

 2 65와 어떤 수의 최대공약수는 13이고 최소공배수는 130입니다. 어떤 수를 구하시오.

 3 어떤 두 수의 곱은 2304이고 두 수의 최소공배수는 288입니다. 어떤 두 수의 공약수를 모두 구하시오.

1 다음 서로 다른 세 수에서 왼쪽 수는 오른쪽 수의 배수입니다. □ 안에 들어갈 수 있는 모든 수의 합을 구하시오.

$$54, \square, 9$$

2 [㉮]는 ㉮의 약수의 개수를 나타내고 {㉮}는 ㉮의 약수의 합을 나타냅니다. 다음을 계산하시오.

$$[\{15\}-\{7\}]$$

3 다음 두 수는 9의 배수인 다섯 자리 수입니다. 크기를 비교하여 ○ 안에 >, =, <를 알맞게 써넣으시오.

$$5\square345 \quad \bigcirc \quad 5\square008$$

4 다음 조건을 만족하는 두 자리 수를 구하시오.

> • 각 자리 숫자의 합은 7입니다.
> • 십의 자리 숫자가 일의 자리 숫자보다 큽니다.
> • 약수의 개수는 6개입니다.

5 어떤 수의 배수를 구했더니 100보다 작은 수가 6개였습니다. 어떤 수가 될 수 있는 수 중에서 가장 큰 수의 약수의 합을 구하시오.

6 가장 큰 8의 배수가 되도록 ☐ 안에 알맞은 숫자를 써넣으시오.

> 9 7 ☐ ☐ ☐

7 다음과 같이 27의 약수, 36의 약수, 54의 약수를 그림으로 나타내었습니다. 가, 나, 다, 라, 마의 각 부분에 써넣을 수의 개수를 각각 구하시오.

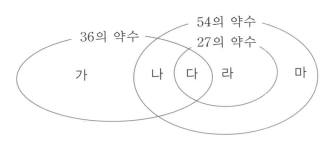

8 5장의 숫자 카드 중에서 4장을 선택하여 네 자리 수를 만들려고 합니다. 3000보다 크고 5000보다 작은 4의 배수는 모두 몇 개 만들 수 있습니까?

9 공원의 둘레를 자전거로 한 바퀴 도는 데 예슬이는 48초, 상연이는 60초, 효근이는 36초 걸립니다. 이 세 사람이 동시에 같은 곳에서 출발하여 같은 방향으로 공원의 둘레를 돌 때, 세 사람이 다시 처음으로 출발점에서 만나는 것은 효근이가 몇 바퀴를 돈 후입니까? (단, 세 사람의 빠르기는 각각 일정합니다.)

10 오른쪽 그림과 같은 삼각형 모양의 땅이 있습니다. 이 땅의 세 모퉁이와 둘레에 같은 간격으로 나무를 심으려고 합니다. 나무를 될 수 있는 한 적게 심으려고 할 때, 필요한 나무는 모두 몇 그루입니까?

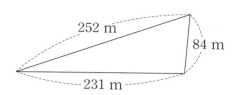

11 사과 19개, 감 42개, 배 53개를 몇 명의 학생들에게 몇 개씩 똑같이 나누어 주려고 했더니 사과는 5개가 부족하고, 감은 6개가 남고, 배는 7개가 부족하였습니다. 모두 몇 명의 학생에게 나누어 주려고 했습니까?

12 두 자연수가 있습니다. 이 두 자연수의 차는 30이고 두 자연수의 최소공배수는 525, 최대공약수는 15입니다. 두 자연수를 구하시오.

13 1000원짜리 지폐 48장, 500원짜리 동전 59개, 100원짜리 동전 83개가 있습니다. 될 수 있는 대로 많은 사람에게 각각의 지폐와 동전을 똑같이 나누어 주려고 했더니 500원짜리는 5개가 부족했고 100원짜리는 3개가 남았습니다. 한 사람에게 얼마씩 주려고 했습니까?

14 다음 조건을 만족하는 가장 큰 자연수 가는 얼마입니까?

> • 가와 120의 최대공약수는 15입니다.
> • 가와 168의 최대공약수는 21입니다.
> • 가는 560보다 작습니다.

15 ㉠83㉡은 네 자리 수이고, 36으로 나누어떨어집니다. ㉠에 들어갈 수 있는 수들의 합은 얼마입니까?

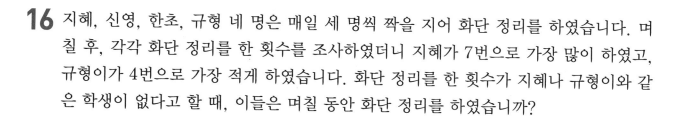
16 지혜, 신영, 한초, 규형 네 명은 매일 세 명씩 짝을 지어 화단 정리를 하였습니다. 며칠 후, 각각 화단 정리를 한 횟수를 조사하였더니 지혜가 7번으로 가장 많이 하였고, 규형이가 4번으로 가장 적게 하였습니다. 화단 정리를 한 횟수가 지혜나 규형이와 같은 학생이 없다고 할 때, 이들은 며칠 동안 화단 정리를 하였습니까?

17 석기가 가지고 있는 붙임딱지를 4명에게 똑같이 나누어 주면 1장이 남고, 5명에게 똑같이 나누어 주면 2장이 남고, 6명에게 똑같이 나누어 주면 3장이 남습니다. 석기가 가지고 있는 붙임딱지는 적어도 몇 장입니까?

18 영수는 3일마다 일기를 쓰고, 한초는 4일마다 일기를 쓰고, 가영이는 1주일마다 일기를 씁니다. 세 사람이 1월 1일에 일기를 동시에 썼다면 1년 동안 세 사람이 동시에 일기를 쓴 날은 모두 며칠입니까? (단, 1년은 365일입니다.)

1 ㉠, ㉡, ㉢ 세 수의 합은 250입니다. ㉠은 ㉡보다 30이 크고, ㉢은 ㉠보다 50이 작다면 이 세 수의 최대공약수는 얼마입니까?

2 다음과 같이 1부터 2107까지의 자연수를 차례로 곱했을 때, 그 곱은 일의 자리부터 0이 몇 개까지 계속 되겠습니까?

$$1 \times 2 \times 3 \times 4 \times 5 \times 6 \times 7 \times 8 \times \cdots\cdots \times 2107$$

3 다음 네 자리 수는 모두 6의 배수입니다. 두 수의 차가 가장 클 때의 차는 얼마입니까?

▲34●   423▉

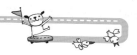

4 5개의 자연수 ㉠, ㉡, ㉢, ㉣, ㉤이 있습니다. ㉠은 ㉡의 약수, ㉡은 ㉢의 약수, ㉢은 ㉣의 약수, ㉣은 ㉤의 약수입니다. ㉠=4, ㉢=16, ㉤=48일 때, ㉡이 될 수 있는 모든 수의 합과 ㉣이 될 수 있는 모든 수의 합의 차를 구하시오.

5 가, 나, 다 세 수의 최소공배수를 구하였더니 420이 되었습니다. 가와 나가 다음과 같을 때, 다가 될 수 있는 가장 작은 두 자리 자연수는 얼마입니까?

$$가 = 2 \times 2 \times 5$$
$$나 = 2 \times 2 \times 3 \times 7$$

6 약수의 개수가 3개인 수 중에서 100보다 크고 300보다 작은 수를 모두 구하시오.

7 네 자리 수 ㉮8㉯㉰는 45의 배수입니다. 이때, 네 자리 수 ㉮8㉯㉰ 중 가장 큰 수를 구하시오.

8 빨간색, 노란색, 초록색 전등으로 크리스마스 트리를 꾸몄습니다. 빨간색 전등은 2초 동안 켜지고 2초 동안 꺼지고, 노란색 전등은 4초 동안 켜지고 1초 동안 꺼지고, 초록색 전등은 5초 동안 켜지고 4초 동안 꺼집니다. 세 전등이 동시에 켜졌다면 바로 다음 번에 세 전등이 동시에 켜질 때는 지금부터 몇 초 후입니까?

9 어느 문구점에서 연필은 400원, 지우개는 300원에 팔고 있습니다. 상연이는 연필과 지우개를 각각 같은 개수 만큼 샀고, 지혜는 연필과 지우개를 각각 같은 금액만큼 사서 각각 가지고 있던 돈을 모두 썼습니다. 두 사람이 가지고 있던 금액이 같았다면 상연이가 가지고 있던 돈이 가장 적을 때는 얼마입니까?

10 1부터 100까지의 자연수를 다음과 같이 연속한 세 수로 묶어 차례로 늘어놓을 때, 세 수의 합이 12의 배수인 것은 모두 몇 묶음입니까?

$$(1,\ 2,\ 3),\ (2,\ 3,\ 4),\ (3,\ 4,\ 5),\ \cdots\cdots,\ (98,\ 99,\ 100)$$

11 세 자리 자연수 A가 있습니다. A에 20을 더하면 27의 배수가 되고, A에서 34를 빼면 30의 배수가 됩니다. 이러한 세 자리 자연수 A를 가장 작은 것부터 차례로 3개만 구하시오.

12 오른쪽 그림과 같은 큰 직사각형을 4개의 직사각형으로 나누어 크기가 같은 작은 정사각형 모양의 색종이로 겹치지 않게 빈틈없이 덮었습니다. 색종이가 ㉠에는 30장, ㉡에는 27장, ㉢에는 70장이 사용되었다면 ㉣에 사용된 색종이는 몇 장입니까?

㉠	㉡
㉢	㉣

13 오른쪽 그림과 같이 세 톱니바퀴 ㉮, ㉯, ㉰가 서로 맞물려 돌아가고 있습니다. ㉮가 3회전하는 동안 ㉯는 7회전하고, ㉯가 9회전하는 동안 ㉰는 4회전합니다. ㉮가 270회전하는 동안 ㉰는 몇 회전합니까?

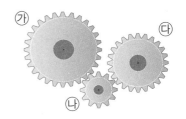

14 $a > b > c$인 3개의 자연수가 있습니다. a, b, c의 최대공약수는 15이고 a, b의 최대공약수는 75이며, a, b의 최소공배수는 450입니다. b, c의 최소공배수가 1050일 때, c는 얼마입니까?

15 267, 387, 467을 어떤 수로 나누면 나머지가 모두 같다고 합니다. 이렇게 나머지가 같도록 나눌 수 있는 어떤 수를 모두 구하시오. (단, 나머지는 2 이상인 수입니다.)

16 어떤 책을 하루에 9쪽씩 읽으면 마지막에 6쪽이 남고, 7쪽씩 읽으면 마지막에 5쪽이 남고, 5쪽씩 읽으면 마지막에 2쪽이 남습니다. 이 책은 모두 몇 쪽입니까? (단, 이 책의 쪽수는 300쪽보다 적습니다.)

17 어떤 수 ■는 다음과 같은 관계가 있습니다. 어떤 수 ■를 나누어떨어지게 하는 세 자리 수 중 가장 작은 수를 구하시오.

$$■=301 \times 401 \times 502 + 301 \times 401 \times 502$$

18 한 모서리의 길이가 8 cm, 10 cm인 두 종류의 주사위를 〈그림 1〉과 같이 눈의 수가 1, 2, 3, 4, 5, 6, 1, 2, 3, 4, 5, 6 ……이 되도록 차례로 늘어놓았습니다. 주사위의 눈의 수가 6인 면이 〈그림 2〉와 같이 처음으로 일치하도록 하려면 한 모서리의 길이가 10 cm인 주사위를 최소한 몇 개 놓아야 합니까?

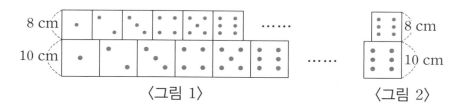

〈그림 1〉　　　〈그림 2〉

다음은 가 도시에서 나 도시로 가는 버스 시각표와 나 도시에서 다 도시로 가는 버스 시각표입니다. 나 도시에서 버스를 갈아타는 데 걸리는 시간이 10분일 때 물음에 답하시오.

[1~2]

가 도시 ➡ 나 도시 (소요시간 1시간 20분)
출발 시각
오전 9시
오전 9시 30분
오전 10시
오전 10시 30분
⋮

나 도시 ➡ 다 도시 (소요시간 1시간 40분)
출발 시각
오전 9시 10분
오전 9시 50분
오전 10시 30분
오전 11시 10분
⋮

1 승기는 가 도시에서 나 도시를 거쳐 다 도시에 가려고 합니다. 승기가 처음으로 최단 시간에 가려면 가 도시에서 언제 출발하는 차를 타야 합니까?

2 지혜는 오후에 가 도시에서 나 도시를 거쳐 다 도시에 가려고 합니다. 지혜가 처음으로 최단 시간에 가려면 가 도시에서 언제 출발하는 차를 타야 합니까?

3 규칙과 대응

1. 두 양 사이의 관계 알아보기
2. 대응 관계를 식으로 나타내는 방법 알아보기
3. 생활 속에서 대응 관계를 찾아 식으로 나타내기

 이야기 수학

❋ 수학자 가우스

수학자 가우스는 1777년 독일의 한 가난한 가정에서 태어났습니다.

가우스가 초등학교에 다니던 10살 때 선생님은 학생들을 조용히 하게 하려고 1부터 100까지 더하도록 하였습니다. 다른 학생들이 덧셈을 하느라 바쁠때 가우스는 지체없이 바로 답을 적어냈습니다.

깜짝 놀란 선생님이 어떻게 그렇게 빨리 답을 구했는지 물었고 가우스는 다음과 같이 설명하였습니다.

$$1 + 2 + 3 + 4 + \cdots + 98 + 99 + 100$$

$$101$$
$$101$$
$$101$$

즉, 101이 50쌍이므로 $101 \times 50 = 5050$이라고…

가우스가 규칙을 이용하여 간단하게 문제를 해결한 것을 알게 된 선생님은 가우스를 칭찬하며 앞으로 훌륭한 수학자가 될 것이라고 용기를 주었습니다. 이 일을 계기로 가우스는 더욱 수학 공부를 열심히 하였고 마침내 유명한 수학자가 되었답니다. 규칙을 이용하는 것이 문제 해결에 얼마나 유용한지 여러분도 알게 되었지요?

❖ **두 양 사이의 관계**

색 테이프를 가로로 자르고 있습니다. 색 테이프를 자른 횟수와 도막 수 사이의 관계를 표로 만들어 알아보시오.

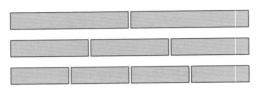

표를 만들어 색 테이프를 자른 횟수와 도막 수 사이의 관계를 알아봅니다.

자른 횟수(회)	1	2	3	4	5
도막 수(도막)	2	3	4	5	6

• 자른 횟수가 1 늘어나면 색 테이프의 도막 수도 1 늘어납니다.
• 자른 횟수는 색 테이프의 도막 수보다 1 적습니다.
• 색 테이프의 도막 수는 자른 횟수보다 1 많습니다.

Jump도우미

① ★과 ▲ 사이의 관계를 나타낸 표입니다. 물음에 답하시오.

★	1	2	3	4	5	6
▲	3	6			15	

(1) ★이 3일 때, ▲는 얼마입니까?

(2) 빈칸에 알맞은 수를 써넣고, ★과 ▲ 사이의 관계를 말해 보시오.

두 수 사이의 관계는 주어진 규칙에 따라 한 수가 일정하게 증가하거나 감소할 때, 다른 수는 어떻게 변하는지 살펴봅니다.

② 그림을 보고 물음에 답하시오.

탁자의 수(개)	1	2	3	4	5
탁자의 다리 수(개)	4	8			

(1) 탁자의 수가 5개일 때, 탁자의 다리 수는 몇 개입니까?

(2) 빈칸에 알맞은 수를 써넣고, 탁자의 다리 수와 탁자의 수 사이의 관계를 말해 보시오.

(3) 탁자가 9개일 때, 탁자의 다리 수는 몇 개입니까?

★ 탁자 한 개에는 4개의 다리가 있습니다.

 핵심 응용 고양이의 수와 다리 수 사이의 관계를 나타낸 표입니다. 표를 완성하고, 고양이의 수와 고양이의 다리 수 사이의 관계를 말해 보시오.

고양이의 수(마리)	1	2		4	5
다리 수(개)	4		12		20

생각 열기 고양이의 수와 다리 수 사이의 관계를 알아봅니다.

풀이 고양이가 1마리일 때 다리 수는 4개이므로 2마리의 다리 수는 ☐ 개이고, ☐ 마리의 다리 수는 12개, 4마리의 다리 수는 ☐ 개, 5마리의 다리 수는 20개입니다. 따라서 고양이가 1마리씩 늘어날 때마다 다리 수는 ☐ 개씩 늘어납니다.

 확인 1 ♥는 ▼보다 항상 5 큽니다. 빈칸에 알맞은 수를 써넣으시오.

▼	2	3			6	
♥			9	10		12

 확인 2 다음 표는 형과 동생의 나이 관계를 나타낸 것입니다. 형이 20살이 되면, 동생은 몇 살이 되겠습니까?

형의 나이	10	11	12	13	14
동생의 나이	7	8	9	10	11

 확인 3 오른쪽 그림과 같이 누름 못을 사용하여 사진을 붙이려고 합니다. 사진의 수와 누름 못의 수 사이의 관계를 말해 보시오.

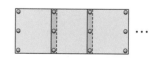

사진의 수(장)	1	2	3	…	7	…	
누름 못의 수(개)	6	9	12	…		…	36

❖ 두 수 사이의 관계를 식으로 나타내기

가영이는 줄 한 개에 구슬을 3개씩 끼워서 목걸이를 만들고 있습니다. 줄의 수와 필요한 구슬의 수 사이에는 어떤 관계가 있는지 식으로 나타내시오.

줄의 수(개)	1	2	3	4	5	⋯
구슬의 수(개)	3	6	9	12	15	⋯

위의 표에서 줄의 수가 1개씩 늘어날 때마다 구슬의 수는 3개씩 늘어나므로 구슬의 수는 줄의 수의 3배가 됩니다.
줄의 수와 구슬의 수 사이의 관계를 식으로 나타내면 다음과 같습니다.
 • (구슬의 수)＝(줄의 수)×3
 • (줄의 수)＝(구슬의 수)÷3

① 두 수 사이의 관계가 다음과 같을 때, 두 수 사이의 관계를 식으로 나타내시오.

■	5	4	3	2	1
▲	25	20	15	10	5

② ★와 ● 사이의 관계를 나타낸 표입니다. ●가 37일 때, ★의 값은 얼마입니까?

★	2	3	4			7
●	7	10		16	19	

③ 주어진 문제에 대하여 표를 완성하고 답을 구하시오.

1분에 55 km를 가는 제트기가 쉬지 않고 275 km를 가는 데에는 몇 분이 걸립니까?

걸린 시간(분)	0	1	2	3	4	5
간 거리(km)	0		110			

 핵심 응용

그림과 같이 면봉으로 정육각형을 만들었습니다. 정육각형 14개를 만드는 데 필요한 면봉은 몇 개입니까?

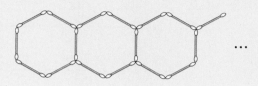

생각열기 정육각형 수와 면봉의 수 사이의 관계를 알아봅니다.

풀이

정육각형 수(개)	1	2	3	4	5	···
면봉의 수(개)						···

면봉의 수는 정육각형 수의 ☐ 배보다 ☐ 개 더 많습니다.

따라서 정육각형 14개를 만드는 데 필요한 면봉은 14 × ☐ + ☐ = ☐ (개)
입니다.

답 _____

 확인 1

다음 표를 보고 ■와 ▲ 두 수 사이의 관계를 식으로 나타내시오.

■	1	2	3	4	5	6	···
▲	1	4	7	10	13	16	···

확인 2

굵기가 일정한 나무막대가 있습니다. 이 나무막대를 31도막으로 자르려고 합니다. 나무막대를 한 번 자르는 데 6분이 걸린다면, 쉬지 않고 31도막으로 자르는 데 모두 몇 분이 걸리겠습니까?

확인 3

상자 모양의 그릇에 수도관으로 물을 넣을 때, 물을 넣은 시간과 물의 높이 사이의 관계를 나타낸 표입니다. 128 cm의 높이까지 물을 넣는 데 걸리는 시간은 몇 분입니까?

시간(분)	1	2	3	4	5	···
높이(cm)	8	16	24	32	40	···

❖ 두 수 사이의 대응 관계 알아보기

6명이 앉을 수 있는 식탁을 그림과 같이 놓아가고 있습니다. 식탁의 수를 ★, 사람의 수를 ◆라 할 때, ★와 ◆ 사이의 관계를 식으로 나타내시오.

 ...

★	1	2	3	4	5	6	...
◆	6	12	18	24	30	36	...

식탁이 1개씩 늘어날 때마다 사람은 6명씩 늘어납니다. ➡ ◆ ＝ ★ × 6 또는 ★ ＝ ◆ ÷ 6

Jump도우미

⭐ 수가 크다고 해서 반드시 약수가 많은 것은 아닙니다.

1 팔린 아이스크림 수를 ■, 판매금액을 ●라 할 때, 표를 완성하고 ■와 ●의 대응 관계를 식으로 나타내시오.

■	1	2	3	4	5	6	...
●	800	1600	2400				...

식 _____

🐾 표를 보고 물음에 답하시오. [2~4]

사과의 값(원)	1500	3000	4500	6000	7500
사과의 개수(개)	1	2	3	4	5

2 사과의 값을 ■, 사과의 개수를 ▲라 할 때, ■와 ▲ 사이의 대응 관계를 식으로 나타내시오.

식 _____

3 사과의 개수가 30개일 때, 사과의 값은 얼마입니까?

4 사과의 값이 37500원일 때, 사과의 개수는 몇 개입니까?

핵심 응용 고속도로 휴게소에서 호두과자를 팔고 있습니다. 한 봉지에 12개씩 담아서 3000원씩 판다고 할 때 표의 ㉠, ㉡, ㉢에 알맞은 수를 구하시오.

호두과자 봉지 수(봉지)	1	2	3	㉢	…
호두과자 개수(개)	12	㉠	36	48	…
호두과자 값(원)	3000	6000	㉡	12000	…

생각 열기 호두과자의 봉지 수, 개수, 값 사이의 관계를 알아봅니다.

풀이 ㉠ ➡ 한 봉지에 ☐개씩 들어 있으므로 2봉지에 2 × ☐ = ☐(개)입니다.

㉡ ➡ 한 봉지에 ☐원씩이므로 3봉지에 3 × ☐ = ☐(원)입니다.

㉢ ➡ 48 = 12 × ☐이므로 봉지 수는 ☐(봉지)입니다.

답 _____

 1 핵심 응용 문제에서 호두과자 봉지 수와 호두과자 개수 사이의 대응 관계를 식으로 나타내시오.

 2 핵심 응용 문제에서 호두과자 봉지 수와 호두과자 값 사이의 대응 관계를 식으로 나타내시오.

 3 핵심 응용 문제에서 호두과자 개수와 호두과자 값 사이의 대응 관계를 식으로 나타내시오.

1 대응표를 보고 ■와 ▲ 사이의 관계를 식으로 나타내시오.

■	1	2	3	4	6	9
▲	36	18	12	9	6	4

2 그림과 같이 면봉으로 정사각형을 만들어 갑니다. 정사각형 40개를 만드는 데 필요한 면봉은 모두 몇 개입니까?

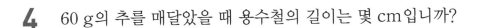

...

🐾 오른쪽 표는 용수철에 추를 매달았을 때 추의 무게와 용수철의 길이 사이의 관계를 나타낸 것입니다. 물음에 답하시오. [3~5]

무게(g)	10	20	30	40
길이(cm)	13	14	15	16

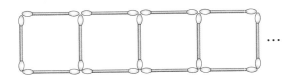

3 추를 매달지 않았을 때 용수철의 길이는 몇 cm입니까?

4 60 g의 추를 매달았을 때 용수철의 길이는 몇 cm입니까?

5 용수철의 길이가 27 cm가 되는 경우 추의 무게는 몇 g입니까?

다음과 같이 면봉으로 정오각형을 만들어 나갈 때 물음에 답하시오. [6~8]

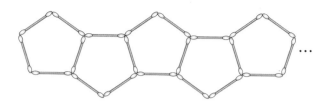

...

6 정오각형의 수와 면봉의 수 사이의 대응 관계를 표로 나타내어 보시오.

정오각형의 수(개)	1	2	3	4	5	6
면봉의 수(개)	5		13		21	

7 정오각형의 수와 면봉의 수 사이의 대응 관계를 식으로 나타내시오.

8 면봉 300개로는 정오각형을 최대 몇 개까지 만들 수 있습니까?

9 교내 탁구 대회에 선수가 11명이 선발되어 경기를 하려고 합니다. 단식으로 경기를 할 때 우승까지 하려면, 경기는 모두 몇 번 해야 합니까? (단, 한 번 시합에서 진 선수는 다시 경기를 하지 않습니다.)

10 대응표를 보고 ■와 ▲ 사이의 관계를 식으로 나타내시오.

■	1	2	3	4	5	6
▲	9	12	15	18	21	24

11 그림과 같이 한쪽에 의자를 2개씩 놓을 수 있는 식탁이 있습니다. 이 식탁 12개를 한 줄로 이어 붙일 때, 필요한 의자는 모두 몇 개입니까?

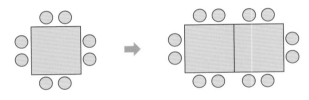

12 다음과 같이 도형을 한 줄로 이어 붙였습니다. 도형의 수가 50개이면 둘레에 있는 변의 수는 몇 개입니까?

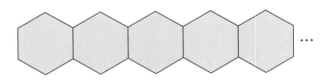

13 물탱크에 물이 500 L 들어 있습니다. 1분에 4 L씩 사용한다면 사용한 시간 ■분과 물탱크에 남아 있는 물의 양 ▲ L 사이의 관계는 어떻게 되는지 식으로 나타내시오.

14 석기는 스카우트 활동에 참여한 첫째 날 7명의 친구들을 새로 만나서 악수를 하게 되었습니다. 석기와 친구들이 서로 한 번씩 악수를 한다면, 악수는 모두 몇 번 해야 합니까?

15 다음은 일정한 규칙에 따라 수를 늘어놓은 것입니다. 처음으로 300보다 큰 수가 놓이는 것은 몇 번째입니까?

5, 9, 13, 17, 21, 25, 29, …

16 다음 그림과 같이 정삼각형의 개수가 규칙적으로 늘어나고 있습니다. 7번째 그림에서 가장 작은 정삼각형은 모두 몇 개입니까?

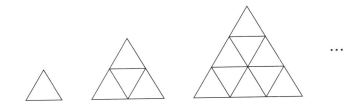

17 ㄹ자 모양의 철사를 그림과 같이 자르고 있습니다. 몇 번을 잘랐더니 184도막으로 나누어졌습니다. 몇 번을 잘랐는지 구하시오.

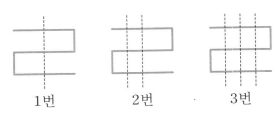

18 다음 그림과 같이 오각형 ㄱㄴㄷㄹㅁ의 꼭짓점에 0부터 차례로 써 있습니다. 이와 같이 계속 수를 쓸 때 376이 쓰이게 되는 꼭짓점을 쓰고, 그 꼭짓점에서 몇 번째에 있는지 구하시오.

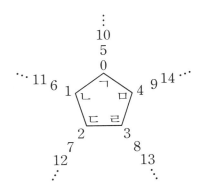

19 꽃가게에서 바구니에 장미꽃 18송이를 넣어서 팔면 14500원이고, 같은 바구니에 같은 꽃 15송이를 넣어서 팔면 13000원이라고 합니다. 바구니만의 값은 얼마입니까?

20 서울의 시각과 미국 뉴욕의 시각 사이의 대응 관계를 나타낸 표입니다. 서울의 시각이 5월 5일 오전 10시일 때 뉴욕의 시각은 몇 월 며칠 몇 시입니까?

서울의 시각	5일 오후 7시	오후 8시	오후 9시	오후 10시
뉴욕의 시각	5일 오전 6시	오전 7시	오전 8시	오전 9시

21 ♣와 ♥ 사이의 관계를 식으로 나타내시오.

♣	5	8	11	14	17	‥‥‥
♥	28	46	64	82	100	‥‥‥

1 그림과 같이 한 변의 길이가 2 cm인 정사각형 100개를 붙여 놓은 도형에서 찾을 수 있는 크고 작은 삼각형은 모두 몇 개입니까?

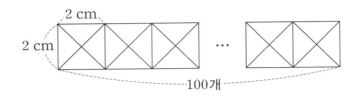

2 다음은 길이가 162 mm인 초에 불을 붙인 후 초가 탄 시간과 남은 초의 길이를 나타낸 표입니다. 초에 불을 붙인 지 15분 후에 초의 길이는 몇 mm가 됩니까?

시간(분)	1	2	3	4	5	⋯
길이(mm)	155	148	141	134	127	⋯

3 소리의 빠르기를 이용하여 번개가 친 곳까지의 거리를 계산할 수 있다고 합니다. 소리는 기온이 0 °C일 때 1초당 331 m의 빠르기로 전달되며 온도가 1 °C씩 올라갈 때마다 1초당 0.6 m씩 빨라진다고 합니다. 창밖에서 번개가 번쩍하고 4초 후에 우르릉하는 천둥소리가 들렸습니다. 현재 기온이 15 °C라면 번개가 친 장소는 얼마나 떨어진 곳입니까? (단, 빛의 빠르기는 생각하지 않습니다.)

4 올해 어머니의 나이는 33살이고 아들의 나이는 5살입니다. 어머니의 나이가 아들 나이의 3배가 되는 때는 몇 년 후입니까?

5 긴 통나무가 있습니다. 이 통나무를 25도막으로 나누려고 합니다. 통나무를 한 번 자르는 데 3분이 걸리고, 한 번 자른 후 1분씩 쉬려고 합니다. 25도막으로 나누는 데 걸리는 시간은 몇 분입니까?

6 그림과 같이 바둑돌을 늘어놓았습니다. 놓은 순서를 △, 검은 바둑돌의 수를 ■라 할 때 △와 ■ 사이의 대응관계를 식으로 나타내시오.

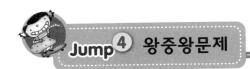

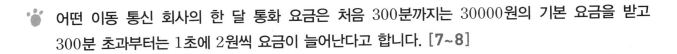

어떤 이동 통신 회사의 한 달 통화 요금은 처음 300분까지는 30000원의 기본 요금을 받고 300분 초과부터는 1초에 2원씩 요금이 늘어난다고 합니다. [7~8]

7 총 통화 시간이 ■초일 때 납부해야 할 통화 요금을 ▲원이라 할 때, ■와 ▲ 사이의 관계를 식으로 나타내시오. (단, 사용한 시간은 300분이 넘습니다.)

8 예슬이가 지난달에 사용한 총 통화 시간이 7시간 36분일 때, 예슬이가 내야 할 통화 요금은 얼마입니까?

9 한 변의 길이가 1 cm인 정사각형을 다음 그림과 같은 규칙으로 붙여서 도형을 만들어 나갈 때, 10번째에 만들어지는 도형의 둘레의 길이를 구하시오.

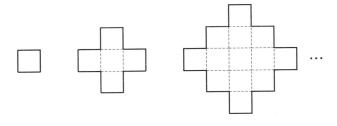

10 효근이네 학교 5학년 학생은 모두 258명입니다. 운동장에 큰 원을 그리고 1번부터 차례대로 똑같은 간격으로 둘러앉았습니다. 효근이의 번호가 176번일 때, 효근이와 마주 보고 앉은 학생의 번호는 몇 번입니까?

11 그림과 같이 만나는 점의 개수가 최대가 되도록 직선을 그었습니다. 12개의 직선을 그었을 때 만나는 점은 몇 개입니까?

12 오른쪽 그림은 면봉으로 작은 정삼각형 13개가 이어진 도형을 만든 것입니다. 71개의 면봉으로 작은 정삼각형 41개가 이어진 도형을 만들 때 이 도형의 가장자리에 놓이는 면봉은 모두 몇 개입니까?

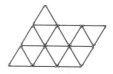

13 그림과 같이 정사각형과 정삼각형을 붙인 모양으로 바둑돌을 늘어놓았습니다. ■번째에 놓인 바둑돌의 개수를 ▲라 할 때, ■와 ▲ 사이의 관계를 식으로 나타내고, 50번째에 놓일 바둑돌의 개수를 구하시오.

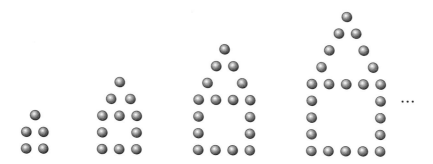

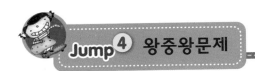

Jump④ 왕중왕문제

👣 다음 표는 6종류의 고기의 무게 ■g과 가격 ▲원을 조사한 것입니다. 물음에 답하시오.

[14~15]

	가	나	다	라	마	바
무게 ■(g)	150	200	350	450	600	700
가격 ▲(원)	5700	8400	13300	17100	25200	26600

14 가격이 비싼 고기는 어느 것입니까, 가~바 중에서 모두 골라 기호를 쓰시오.

15 가격이 싼 고기의 ■와 ▲ 사이의 관계를 식으로 나타내시오.

👣 양초 A와 양초 A보다 굵고 짧은 양초 B 가 있습니다. 이 두 개의 양초에 동시에 불을 붙여서 길이의 차이를 1시간마다 측정

경과 시간(시간)	1	2	3	4	5
길이의 차이(cm)	1.5	0	1.5	3	3

하였더니 오른쪽 표와 같아졌습니다. 또, 불을 붙인지 2시간 후의 양초의 길이는 두 양초 모두 12 cm였습니다. 물음에 답하시오. [16~17]

16 양초 B의 4시간 후의 길이는 몇 cm입니까?

17 양초 A는 몇 시간 몇 분만에 모두 탑니까?

18 정육각형의 각 변을 똑같이 나누어 작은 정삼각형을 만들어 가고 있습니다. 이 규칙을 반복하여 다섯 번째에 만들어지는 가장 작은 정삼각형은 모두 몇 개인지 구하시오.

19 그림과 같이 원이 나누어지는 부분이 최대가 되도록 직선을 그었습니다. 7개의 직선을 원에 그을 때, 원은 최대 몇 개의 부분으로 나누어 집니까?

20 보기에서 △, ★, ◎의 규칙을 찾아 다음을 계산하시오.

> **보기**
>
> | | | |
> |---|---|---|
> | 2△2=4 | 2★4=9 | 2◎3=4 |
> | 2△3=8 | 3★4=13 | 4◎1=12 |
> | 3△3=27 | 3★8=25 | 5◎3=8 |

(1) (5★8)◎6

(2) (4△2)★(1◎6)

Jump 5 영재교육원 입시대비문제

그림과 같이 정삼각형, 정사각형, 마름모, 정오각형이 순서대로 놓여 있고 각 도형의 꼭짓점에 1부터 차례대로 숫자가 쓰여 있습니다. 물음에 답하시오. [1~3]

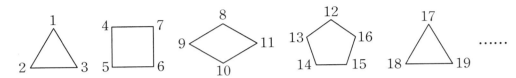

1 30번째에 오는 도형의 이름을 말하고 그 도형의 꼭짓점에 있는 수들의 합을 구하시오.

2 60번째에 오는 도형의 이름을 말하고 그 도형의 꼭짓점에 있는 수들의 합을 구하시오.

3 오른쪽과 같은 도형은 처음부터 몇 번째 위치에 있습니까?

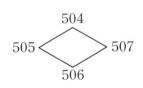

4 약분과 통분

이야기 수학

※ 디오판토스는 몇 살까지 살았을까?

그리스의 수학자 디오판토스(Diophantos)의 묘비에 새겨진 글입니다.

"디오판토스는 일생의 $\frac{1}{6}$은 어린이로 지냈고, 일생의 $\frac{1}{12}$은 청년으로 보냈다. 그 뒤 다시 일생의 $\frac{1}{7}$은 혼자 살다가 결혼하여 5년 후에 아들을 낳았다. 그의 아들은 아버지 일생의 $\frac{1}{2}$만큼 살다 죽었으며 아들이 죽고 난 4년 후에 디오판토스는 일생을 마쳤다."

위 글에 나오는 분수 $\frac{1}{6}$, $\frac{1}{12}$, $\frac{1}{7}$, $\frac{1}{2}$을 분모가 같게 고치면 $\frac{14}{84}$, $\frac{7}{84}$, $\frac{12}{84}$, $\frac{42}{84}$가 되고 이렇게 분모를 같게 하는 것을 '통분'이라고 합니다. 디오판토스가 살았던 일생을 수직선에 나타내면 일생의 $\frac{9}{84}$가 9년이므로 디오판토스는 84살까지 살았다는 것을 알 수 있습니다.

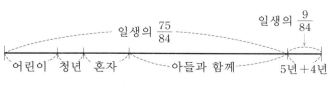

❖ 크기가 같은 분수 알아보기

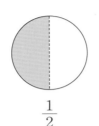
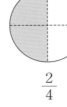

$\dfrac{1}{2}$ $\dfrac{2}{4}$

크기가 같은 분수는 분수만큼 색칠했을 때, 전체에 대한 색칠된 부분의 크기가 같습니다.

❖ 크기가 같은 분수 만들기

• 분모와 분자에 0이 아닌 같은 수를 곱하여 크기가 같은 분수를 만들 수 있습니다.

$$\dfrac{2}{3}=\dfrac{2\times 2}{3\times 2}=\dfrac{2\times 3}{3\times 3}=\dfrac{2\times 4}{3\times 4}=\cdots\cdots$$

• 분모와 분자를 0이 아닌 같은 수로 나누어 크기가 같은 분수를 만들 수 있습니다.

$$\dfrac{16}{32}=\dfrac{16\div 2}{32\div 2}=\dfrac{16\div 4}{32\div 4}=\dfrac{16\div 8}{32\div 8}=\cdots$$

Jump도우미

❶ $\dfrac{36}{48}$ 과 크기가 같은 분수를 분모가 작은 수부터 차례로 5개만 쓰시오.

❷ 예슬이는 케이크 한 개의 $\dfrac{1}{6}$ 을 먹었습니다. 똑같은 크기의 케이크 한 개를 12조각으로 나누었을 때, 예슬이와 같은 양을 먹기 위하여 몇 조각을 먹어야 합니까?

❸ 석기는 연필 6타를 가지고 있었습니다. 이 중 상연이에게 전체의 $\dfrac{1}{4}$ 을, 동민이에게 전체의 $\dfrac{6}{24}$ 을 주었습니다. 두 사람에게 준 연필의 개수를 비교하시오.

❹ $\dfrac{48}{60}$ 과 크기가 같은 분수 중에서 분모와 분자의 합이 200보다 작은 분수는 몇 개입니까?

〈크기가 같은 분수의 특징〉

• 그림으로 나타내었을 때 크기가 같습니다.

• 분모와 분자의 수는 달라도 원이나 사각형 등을 그려서 나누어 보면 크기는 모두 같습니다.

• 전체를 나눈 부분의 수는 달라도 부분을 나타내는 양은 같습니다.

• 분모와 분자에 각각 같은 수를 곱하여 크기가 같은 분수를 만들 수 있습니다.

 핵심 응용 $\dfrac{5}{9}$ 의 분자에 15를 더했을 때 분모에 얼마를 더해야 분수의 크기가 변하지 않습니까?

생각 열기 분자에 15를 더했을 때 분자가 몇 배로 되는지 알아봅니다.

풀이 분모에 ㉠을 더해야 분수의 크기가 변하지 않는다고 할 때,

$$\dfrac{5}{9}=\dfrac{5+\boxed{}}{9+㉠}=\dfrac{\boxed{}}{9+㉠}$$ 이고 분자가 $\boxed{}$ 배로 되었으므로

분모에 $\boxed{}$ 를 곱해야 크기가 변하지 않습니다.

$$\dfrac{5\times\boxed{}}{9\times\boxed{}}=\dfrac{\boxed{}}{\boxed{}}=\dfrac{\boxed{}}{9+㉠}, \quad \boxed{}=9+㉠, \quad ㉠=\boxed{}$$

따라서 분모에 $\boxed{}$ 을 더해야 분수의 크기가 변하지 않습니다.

답 _____

 확인 1 $\dfrac{10}{15}$ 의 분모에서 6을 뺐을 때 분자에서 어떤 수를 빼야 분수의 크기가 변하지 않습니까?

 확인 2 $\dfrac{4}{7}$ 와 크기가 같은 분수 중에서 분모가 두 자리 수인 분수는 모두 몇 개입니까?

 확인 3 $\dfrac{6}{8}$ 과 크기가 같은 분수 중에서 분모가 20보다 크고 30보다 작은 분수를 모두 구하시오.

❖ **분수의 약분 알아보기**

• 분모와 분자를 그들의 공약수로 나누는 것을 약분한다고 합니다.

   (예) $\dfrac{12}{16} = \dfrac{12 \div 2}{16 \div 2} = \dfrac{6}{8}$, $\dfrac{12}{16} = \dfrac{12 \div 4}{16 \div 4} = \dfrac{3}{4}$

• 분모와 분자의 공약수가 1뿐인 분수를 기약분수라고 합니다.

   (예) $\dfrac{1}{3}$, $\dfrac{2}{3}$, $\dfrac{3}{4}$, ……

Jump도우미

1 분모가 30인 진분수 중 기약분수를 모두 구하시오.

> 분자는 30과의 공약수가 1 뿐인 수 중 30보다 작은 수 입니다.

2 한초네 학교 전체 학생은 360명입니다. 그중에서 안경을 쓴 학생은 128명입니다. 한초네 학교 전체 학생 중 안경을 쓴 학생은 전체의 몇 분의 몇인지 기약분수로 나타내시오.

3 다음 조건을 만족하는 분수를 모두 구하시오.

> • 분모와 분자의 합은 12입니다.
> • 진분수이면서 기약분수입니다.

4 $\dfrac{2}{5}$와 크기가 같은 분수가 있습니다. 이 분수의 분자에 3을 더한 후 기약분수로 나타내면 $\dfrac{1}{2}$이 됩니다. 이 분수를 구하시오.

〈기약분수를 만드는 방법〉
• 분모와 분자를 그들의 공약수로 나누어 약분하고, 약분한 분수에서 분모와 분자의 공약수를 찾아 또 약분하는 방법을 거듭합니다.
• 분모와 분자의 최대공약수로 약분합니다.

5 분모와 분자의 합이 68인 어떤 분수를 약분하면 $\dfrac{5}{12}$가 됩니다. 어떤 분수를 구하시오.

Jump ② 핵심응용하기

 핵심 응용

분모와 분자의 합이 81이고 차가 15인 진분수가 있습니다. 이 분수를 기약분수로 나타내시오.

생각열기 분모를 ■, 분자를 ● 라 하고 분모와 분자를 각각 알아봅니다.

풀이 진분수를 $\dfrac{●}{■}$ 라고 하면 ■ + ● = □, ■ − ● = □ 입니다.

■ = (□ + □) ÷ 2 = □ , ● = 81 − □ = □ 이므로

진분수는 $\dfrac{□}{□}$ 입니다.

따라서 이 분수를 기약분수로 나타내면 $\dfrac{□ ÷ □}{□ ÷ □} = \dfrac{□}{□}$ 입니다.

답 _____

 확인 1 분모가 16인 분수 중에서 $\dfrac{1}{2}$보다 크고 1보다 작은 기약분수는 모두 몇 개입니까?

 확인 2 $\dfrac{8}{13}$의 분모와 분자에 각각 같은 수를 더한 후 약분하였더니 $\dfrac{3}{4}$이 되었습니다. 분모와 분자에 더한 수는 얼마입니까?

 확인 3 분모가 205인 진분수 중에서 기약분수가 아닌 수는 모두 몇 개입니까?

Jump ① 핵심알기   3. 분수의 통분 알아보기

❖ **분수의 통분 알아보기**

• 분수의 분모를 같게 하는 것을 통분한다고 하고, 통분한 분모를 공통분모라고 합니다.
• 분수를 통분하는 방법
  ① 분수와 크기가 같은 분수를 각각 만들어 보고, 분모가 같은 분수를 찾습니다.
    예 $\frac{1}{3} = \frac{2}{6} = \frac{3}{9} = \frac{4}{12} = \cdots\cdots$, $\frac{3}{4} = \frac{6}{8} = \frac{9}{12} = \frac{12}{16} = \cdots\cdots$
  ② 분모의 곱이 공통분모가 되도록 분모와 분자에 같은 수를 곱합니다.
  ③ 분모의 최소공배수가 공통분모가 되도록 분모와 분자에 같은 수를 곱합니다.

① 두 분수를 100에 가장 가까운 공통분모로 통분하시오.

$$\frac{7}{16} \qquad \frac{5}{8}$$

② $\frac{3}{4}$과 $\frac{4}{5}$ 사이에 있는 분수 중 분모가 60인 분수를 모두 쓰시오.

☆ 먼저 두 분수를 분모가 60인 분수로 통분합니다.

③ 어떤 두 기약분수를 통분하였더니 $\frac{165}{180}$, $4\frac{96}{180}$이 되었습니다. 두 기약분수를 구하시오.

☆ 통분한 분수는 통분하기 전의 분수와 크기가 같습니다.

④ $\frac{2}{3}$, $\frac{4}{5}$, $\frac{7}{12}$을 통분할 때, 공통분모가 될 수 있는 수를 가장 작은 수부터 차례로 3개만 쓰시오.

⑤ 세 분모의 최소공배수를 공통분모로 하여 통분하시오.

$$\frac{7}{10} \qquad \frac{7}{12} \qquad \frac{5}{6}$$

통분할 때 분모의 최소공배수를 공통분모로 하면 편리합니다.

Jump 2 핵심응용하기

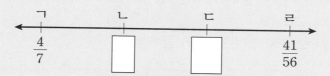

핵심 응용 수직선에서 선분 ㄱㄴ, 선분 ㄴㄷ, 선분 ㄷㄹ의 길이는 같습니다. □ 안에 알맞은 기약분수를 써넣으시오.

```
    ㄱ           ㄴ           ㄷ           ㄹ
←───┼───────────┼───────────┼───────────┼───→
    4          [  ]        [  ]          41
    ─                                    ──
    7                                    56
```

 두 분수를 통분한 다음 분자의 차를 생각합니다.

풀이 $\dfrac{4}{7}$와 $\dfrac{41}{56}$을 통분하면 $\dfrac{\square}{56}$와 $\dfrac{\square}{56}$이 됩니다.

통분한 두 분수의 분자의 차가 $\square$이고, $\square$를 3등분 하면 $\square$이므로

점 ㄴ은 $\dfrac{\square}{56} = \dfrac{\square}{8}$, 점 ㄷ은 $\dfrac{\square}{56} = \dfrac{\square}{28}$입니다.

 확인 **1** $\dfrac{1}{6}$보다 크고 $\dfrac{3}{8}$보다 작은 분수 중에서 분모가 48인 기약분수는 모두 몇 개입니까?

확인 **2** 오른쪽 두 분수는 왼쪽 두 분수를 통분한 것입니다. ㉠×㉡－㉢의 값을 구하시오.

$$\left(\dfrac{7}{㉠}, \dfrac{㉡}{24}\right) \Rightarrow \left(\dfrac{28}{㉢}, \dfrac{33}{72}\right)$$

확인 **3** 왼쪽 세 분수를 기약분수로 고친 다음 통분하였더니 오른쪽 세 분수가 되었습니다. ㉠, ㉡, ㉢에 알맞은 수를 각각 구하시오.

$$\left(\dfrac{15}{㉠}, \dfrac{45}{㉡}, \dfrac{36}{㉢}\right) \Rightarrow \left(\dfrac{96}{128}, \dfrac{80}{128}, \dfrac{72}{128}\right)$$

❖ **분수의 크기 비교하기**
- 분모가 다른 두 분수의 크기는 통분하여 분모를 같게 한 다음, 분자의 크기를 비교합니다.
- 분모가 다른 세 분수는 두 분수끼리 통분하여 차례로 크기를 비교하거나, 세 분수를 한꺼번에 통분하여 크기를 비교합니다.
- 분자가 같은 분수는 분모가 작은 분수가 큽니다.

1 무게가 1 kg인 바구니에 영수는 $\frac{4}{5}$ kg의 귤을 담았고 한초는 $\frac{3}{4}$ kg의 사과를 담았습니다. 영수의 바구니와 한초의 바구니 중 누구의 것이 더 무겁습니까?

2 가영이는 길이가 $8\frac{2}{5}$ m인 파란색 테이프와 $8\frac{3}{8}$ m인 노란색 테이프를 가지고 있습니다. 가영이는 무슨 색 테이프를 더 많이 가지고 있습니까?

3 $\frac{1}{2}$, $\frac{7}{18}$, $\frac{6}{11}$의 크기를 비교하여 가장 작은 수부터 차례로 쓰시오.

분자를 2배 한 수가 분모보다 작으면 $\frac{1}{2}$보다 작고, 분자를 2배 한 수가 분모보다 크면 $\frac{1}{2}$보다 큽니다.

4 $\frac{4}{5}$, $\frac{2}{3}$, $\frac{3}{4}$의 크기를 비교하여 가장 큰 수부터 차례로 쓰시오.

분자와 분모의 차가 같은 진분수끼리는 분모가 클수록 큰 분수입니다.

5 학교에서 집까지의 거리는 $\frac{7}{8}$ km, 문구점까지의 거리는 $\frac{17}{20}$ km, 수영장까지의 거리는 $\frac{3}{4}$ km입니다. 학교에서 가장 먼 곳은 어디입니까?

핵심 응용 효근, 예슬, 한초 세 사람이 구슬을 나누어 가졌습니다. 효근이는 전체의 $\frac{3}{7}$을, 예슬이는 전체의 $\frac{2}{5}$를 가졌고, 나머지를 한초가 가졌다면 구슬을 가장 많이 가진 사람은 누구입니까?

생각 열기 먼저 $\frac{3}{7}$과 $\frac{2}{5}$를 통분합니다.

풀이 $\frac{3}{7}$과 $\frac{2}{5}$를 두 분모의 최소공배수로 통분하면 ($\frac{\square}{\square}$, $\frac{\square}{\square}$)이므로

한초는 전체의 $1-(\frac{\square}{\square}+\frac{\square}{\square})=\frac{\square}{\square}$을 갖게 됩니다.

따라서 $\frac{\square}{\square} > \frac{\square}{\square} > \frac{\square}{\square}$ 이므로 구슬을 가장 많이 가진 사람은 $\boxed{}$입니다.

답 _____

확인 **1** □ 안에 들어갈 수 있는 자연수의 합은 얼마입니까?

$$\frac{4}{9} < \frac{\square}{12} < \frac{11}{18}$$

확인 **2** 가장 큰 분수부터 차례로 쓰시오.

$$\frac{11}{19} \quad \frac{22}{37} \quad \frac{33}{56} \quad \frac{66}{113}$$

확인 **2** 5장의 숫자 카드 중에서 2장을 뽑아 $\frac{1}{2}$보다 크고 1보다 작은 분수를 만들려고 합니다. 만들 수 있는 분수 중 가장 큰 분수를 구하시오.

2   4   5   7   8

❖ $\dfrac{8}{20}$과 $\dfrac{15}{30}$의 크기 비교

- 두 분수를 약분하여 크기 비교하기

  $\dfrac{8}{20}$은 공약수가 2이므로 $\dfrac{4}{10}$로 약분할 수 있습니다.

  $\dfrac{15}{30}$는 공약수가 3이므로 $\dfrac{5}{10}$로 약분할 수 있습니다.

  $\left(\dfrac{8}{20}, \dfrac{15}{30}\right) = \left(\dfrac{4}{10}, \dfrac{5}{10}\right)$ ➡ $\dfrac{4}{10} \;<\; \dfrac{5}{10}$

- 두 분수를 소수로 고쳐 크기 비교하기

  $\dfrac{8}{20} = \dfrac{4}{10} = 0.4$ $\dfrac{15}{30} = \dfrac{5}{10} = 0.5$

  $\left(\dfrac{8}{20}, \dfrac{15}{30}\right) = (0.4, 0.5)$ ➡ $0.4 \;<\; 0.5$

❖ $\dfrac{3}{5}$과 0.7의 크기 비교

- 분수를 소수로 고쳐 비교하기

  $\dfrac{3}{5} = \dfrac{6}{10} = 0.6$ ➡ $\dfrac{3}{5} \;<\; 0.7$

- 소수를 분수로 고쳐 비교하기

  $\dfrac{3}{5} = \dfrac{6}{10} \;<\; 0.7 = \dfrac{7}{10}$

➡ 분수와 소수의 크기 비교는 분수를 소수로 고쳐 소수끼리 비교하거나, 소수를 분수로 고쳐 분수끼리 비교합니다.

1 두 수의 크기를 비교하여 ○ 안에 >, =, <를 알맞게 써넣으시오.

(1) $\dfrac{3}{4}$ ◯ 0.7   (2) $2\dfrac{2}{5}$ ◯ 2.45

2 분수와 소수의 크기를 비교하여 가장 큰 수부터 차례대로 쓰시오.

| $1\dfrac{1}{5}$ | 0.8 | $\dfrac{3}{4}$ | 1.4 |

3 상연이의 키는 $1\dfrac{2}{5}$ m이고 예슬이의 크기는 1.35 m입니다. 키가 더 큰 사람은 누구입니까?

4 멜론의 무게는 $1\dfrac{1}{4}$ kg, 참외의 무게는 0.8 kg, 배의 무게는 1.2 kg입니다. 가장 무거운 과일부터 차례대로 쓰시오.

분수와 소수의 크기 비교는 분수를 소수로 고치거나 소수를 분수로 고쳐 비교할 수 있습니다.

핵심 응용 석기네 집에서 은행까지의 거리는 $1\frac{3}{5}$ km, 병원까지의 거리는 1.5 km, 백화점까지의 거리는 $1\frac{3}{8}$ km입니다. 석기네 집에서부터 가까운 곳에 있는 것부터 차례로 쓰시오.

생각 열기 분수와 소수의 크기 비교는 분수를 소수로 고치거나 소수를 분수로 고쳐 비교할 수 있습니다.

풀이 석기네 집에서부터의 거리를 모두 소수로 나타내면

은행까지의 거리는 $1\frac{3}{5}$ km = ☐ km, 병원까지의 거리는 1.5 km,

백화점까지의 거리는 $1\frac{3}{8}$ km = ☐ km입니다.

따라서 석기네 집에서부터 가까운 곳에 있는 것부터 차례로 쓰면

☐, ☐, ☐입니다.

답 _____

확인 1 다음과 같은 숫자 카드 3장을 이용하여 상연이는 가장 큰 대분수를 만들고, 예슬이는 가장 큰 소수 두 자리 수를 만들었습니다. 상연이와 예슬이가 만든 수 중 누가 만든 수가 더 큽니까?

2   4   5

확인 2 다음 수 중 조건 을 모두 만족하는 수를 쓰시오.

$\frac{6}{16}$ $\frac{17}{20}$ 0.63 $\frac{6}{24}$ 0.42

조건
• $\frac{4}{5}$보다 작습니다.
• $\frac{3}{8}$보다 큽니다.

1 $\dfrac{48}{88}$을 약분할 수 있는 수는 ㉠개이고, ㉡으로 약분하면 기약분수가 됩니다. 이때 ㉠＋㉡을 구하시오. (단, 1로 나누는 것은 생각하지 않습니다.)

2 $\dfrac{2}{7}$와 크기가 같은 분수 중 분모와 분자에서 각각 3을 **빼면** $\dfrac{1}{5}$과 크기가 같아지는 분수를 구하시오.

3 다음 수직선에서 $\dfrac{9}{14}$와 $\dfrac{11}{16}$ 사이의 거리를 5등분 하였을 때, ㉠에 알맞은 수를 기약분수로 나타내시오.

4 분수 $\dfrac{\text{ⓒ}}{\text{⊙}}$이 다음과 같을 때, ⊙ㅡㅡⓒ은 얼마입니까?

> • 분수 $\dfrac{\text{ⓒ}}{\text{⊙}}$을 ⊙과 ⓒ의 최대공약수로 약분하면 $\dfrac{7}{10}$이 됩니다.
>
> • ⊙과 ⓒ의 합은 255입니다.

5 분모가 14인 다음 분수 중에서 기약분수는 모두 몇 개입니까?

$$\frac{1}{14}, \ \frac{2}{14}, \ \frac{3}{14}, \ \cdots\cdots, \ \frac{48}{14}, \ \frac{49}{14}, \ \frac{50}{14}$$

6 $\dfrac{1}{4}$보다 크고 $\dfrac{5}{6}$보다 작은 분수 중에서 분모가 7인 분수를 모두 구하시오.

7 세 사람의 몸무게의 합을 구해 보니 한초와 석기의 몸무게의 합은 전체의 $\dfrac{2}{3}$, 석기와 상연이의 몸무게의 합은 전체의 $\dfrac{4}{7}$, 상연이와 한초의 몸무게의 합은 전체의 $\dfrac{16}{21}$입니다. 몸무게가 가장 무거운 사람부터 순서대로 이름을 쓰시오.

8 □ 안에 들어갈 수 있는 자연수는 모두 몇 개입니까?

$$\dfrac{2}{5} < \dfrac{\square}{15} < \dfrac{31}{35}$$

9 □ 안에 들어갈 수 있는 자연수 중 세 번째로 큰 수를 구하시오.

$$\dfrac{5}{11} < \dfrac{20}{\square} < \dfrac{15}{28}$$

10 분모가 175인 다음 분수 중에서 기약분수는 모두 몇 개입니까?

$$\frac{1}{175}, \ \frac{2}{175}, \ \frac{3}{175}, \ \cdots\cdots, \ \frac{172}{175}, \ \frac{173}{175}, \ \frac{174}{175}$$

11 다음 조건을 모두 만족하는 분수를 구하시오.

- 분수를 분자와 분모의 최대공약수로 약분하면 $\frac{5}{12}$입니다.
- 분자와 분모의 최소공배수는 180입니다.

12 다음 분수 중에서 1에 가장 가까운 분수부터 차례로 쓰시오.

$$\frac{41}{48} \quad \frac{13}{16} \quad 1\frac{1}{12}$$

13 $\dfrac{\triangle}{\blacksquare}=\dfrac{3}{8}$이고 $\dfrac{\blacksquare}{\bullet}=\dfrac{5}{7}$입니다. $\dfrac{\triangle}{\bullet}$를 기약분수로 나타내시오.

14 다음 분수의 크기를 비교하여 가장 큰 수부터 차례로 쓰시오.

$$\dfrac{1}{7} \qquad \dfrac{4}{9} \qquad \dfrac{2}{17} \qquad \dfrac{8}{25} \qquad \dfrac{1}{3}$$

15 분자가 17인 분수 중에서 $\dfrac{5}{11}$에 가장 가까운 분수의 분모는 얼마입니까?

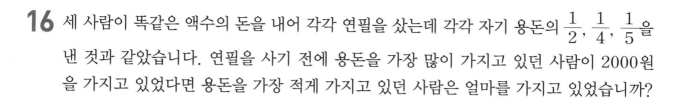
16 세 사람이 똑같은 액수의 돈을 내어 각각 연필을 샀는데 각각 자기 용돈의 $\frac{1}{2}$, $\frac{1}{4}$, $\frac{1}{5}$ 을 낸 것과 같았습니다. 연필을 사기 전에 용돈을 가장 많이 가지고 있던 사람이 2000원을 가지고 있었다면 용돈을 가장 적게 가지고 있던 사람은 얼마를 가지고 있었습니까?

17 다음 중 두 번째로 큰 수를 찾아 쓰시오.

$$\frac{6}{7}, \quad \frac{8}{9}, \quad \frac{4}{5}, \quad \frac{23}{24}, \quad \frac{17}{18}$$

18 상연이와 지혜가 다음과 같은 수 카드를 가지고 있습니다. 상연이가 가진 분수의 분모와 분자에 각각 같은 수를 더하면 지혜가 가진 분수와 크기가 같다고 합니다. 상연이가 가진 분수의 분모와 분자에 더하려는 수는 얼마입니까?

상연 $\boxed{\frac{4}{13}}$ 지혜 $\boxed{\frac{6}{7}}$

1 $\frac{3}{7}$과 크기가 같은 분수 중 분모에 10을 더하고, 분자에 15를 더하면 $\frac{1}{2}$과 크기가 같아지는 분수가 있습니다. 이 분수의 분모와 분자의 차는 얼마입니까?

2 분모와 분자의 합이 52인 어떤 분수가 있습니다. 이 분수의 분자에서 3을 빼고 분모에 3을 더한 다음 약분했더니 $\frac{4}{9}$가 되었습니다. 처음의 어떤 분수를 구하시오.

3 분모가 21인 분수 $\frac{1}{21}$, $\frac{2}{21}$, ……, $\frac{\square}{21}$ 중에서 약분할 수 있는 분수가 91개라고 합니다. □ 안에 들어갈 가장 작은 수는 얼마입니까?

4 수직선에서 선분 ㄱㄴ과 선분 ㄴㄷ의 길이는 같습니다. 선분 ㄱㄷ의 길이를 구하시오.

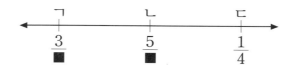

5 다음과 같은 규칙으로 수를 늘어놓을 때, 52번째에 놓일 분수와 60번째에 놓일 분수를 최소공배수를 공통분모로 하여 통분하시오.

$$1, \ \frac{1}{2}, \ 1, \ \frac{1}{3}, \ \frac{2}{3}, \ 1, \ \frac{1}{4}, \ \frac{2}{4}, \ \frac{3}{4}, \ 1, \ \cdots\cdots$$

6 ㉮와 ㉯ 사이의 기약분수 중에서 분모와 분자의 차가 1인 분수는 모두 몇 개입니까?

㉮
- 분모가 18인 진분수입니다.
- $\frac{3}{6}$보다 크고 $\frac{5}{6}$보다 작은 기약분수 중에서 가장 큰 분수입니다.

㉯
- 1보다 작은 분수입니다.
- 분모가 10인 분수 중 가장 큰 분수입니다.

 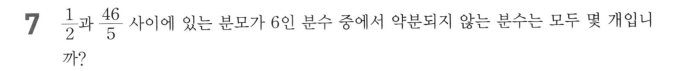

7 $\dfrac{1}{2}$과 $\dfrac{46}{5}$ 사이에 있는 분모가 6인 분수 중에서 약분되지 않는 분수는 모두 몇 개입니까?

8 두 분수 $\dfrac{1}{6}$과 $\dfrac{1}{4}$ 사이에 4개의 기약분수를 넣어 통분하였더니 6개의 분수의 분자가 연속된 자연수가 되었습니다. 4개의 기약분수를 구하시오.

9 다음을 만족하는 가, 나에 알맞은 자연수 중 가장 작은 수를 각각 구하시오.

$$\frac{\text{나}}{\text{가} \times \text{가} \times \text{가}} = \frac{1}{120}$$

10 두 식 $\dfrac{\text{ⓛ}}{\text{ⓖ}+7}=\dfrac{1}{6}$, $\dfrac{\text{ⓛ}}{\text{ⓖ}+2}=\dfrac{1}{5}$에 알맞은 ⓖ과 ⓛ의 합을 구하시오.

11 $\dfrac{33}{\text{ⓖ}-\text{ⓛ}}=\text{ⓖ}+\text{ⓛ}$이고 ⓖ과 ⓛ은 서로 다른 한 자리 자연수입니다. ⓖ과 ⓛ을 각각 구하시오.

12 1보다 크고 10보다 작은 분수 중 분모가 4인 기약분수들의 합을 구하시오.

13 $\dfrac{\boxed{가}\,\boxed{나}\,9}{2\,\boxed{다}\,\boxed{라}} = \boxed{라}$ 에서 가, 나, 다, 라는 서로 다른 숫자입니다. 분자와 분모의 차가 가장

큰 때, 가, 나, 다, 라에 알맞은 숫자를 각각 구하시오.

14 분수 $\dfrac{가}{나}$ 는 분모에서 16, 분자에서 52를 빼도 그 크기는 변하지 않습니다. 가와 나의

최소공배수가 572일 때, 자연수 가, 나를 구하시오.

15 분수를 가장 작은 수부터 차례로 늘어놓은 것입니다. ㉮, ㉯에 알맞은 자연수의 차가

가장 클 때는 얼마입니까?

$$\dfrac{3}{8},\ \dfrac{6}{㉮},\ \dfrac{8}{11},\ \dfrac{6}{㉯},\ \dfrac{4}{5}$$

16 $\frac{5}{9}$보다 크고 $\frac{7}{9}$보다 작은 분수 중에서 분모가 ㉮인 분수는 모두 215개입니다. ㉮ 는 얼마입니까? (단, ㉮는 9의 배수입니다.)

17 다음 분수는 어떤 규칙에 의해 늘어놓은 것입니다. 약분하여 $\frac{5}{7}$가 되는 분수는 몇 번 째 수입니까?

$$\frac{5}{31}, \quad \frac{6}{32}, \quad \frac{7}{33}, \quad \frac{8}{34}, \quad \cdots$$

18 분수 $\frac{㉯}{㉮}$가 있습니다. 분자에 7을 더하면 $\frac{1}{5}$과 크기가 같은 분수가 되고, 분모에서 5를 빼면 $\frac{1}{8}$과 크기가 같은 분수가 된다고 합니다. 두 자리 수 ㉮, ㉯에 대하여 ㉮+㉯의 값을 구하시오.

1 수직선에서 선분 ㄱㅁ의 중점은 점 ㄴ입니다. 선분 ㄴㄷ, 선분 ㄷㄹ, 선분 ㄹㅁ의 길이가 모두 같을 때, 점 ㄷ, 점 ㄹ에 해당하는 기약분수를 각각 구하시오.

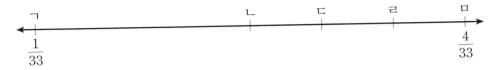

2 다음과 같이 분모는 3씩 커지고 분자는 1, 3, 5가 반복되는 분수를 나열할 때, $\dfrac{1}{15}$ 보다 큰 분수는 모두 몇 개입니까?

$$\frac{1}{2}, \ \frac{3}{5}, \ \frac{5}{8}, \ \frac{1}{11}, \ \frac{3}{14}, \ \frac{5}{17}, \ \frac{1}{20}, \ \cdots\cdots$$

5 분수의 덧셈과 뺄셈

이야기 수학

❊ 고대 이집트 사람들의 사과 나누기

세 개의 사과를 네 사람이 똑같이 나누어 먹으려면 어떻게 하면 될까요?

세 개를 넷으로 나누니까 $\frac{3}{4}$이라고 생각할 수 있습니다.

옛날 이집트 사람들은 이것을 $\frac{1}{2}+\frac{1}{4}$로 생각했습니다.

먼저 사과 두 개를 반 쪽씩 나누어 가집니다.

그리고 나머지 한 개를 네 개로 나누어 가집니다.

또, 다섯 개의 사과를 네 사람이 똑같이 나누어 먹으려면 먼저 한 사람이 한 개씩 나누어 갖고

나머지 한 개를 넷으로 나누어 한 쪽씩 가지면 한 사람당 $1\frac{1}{4}$개씩 갖게 됩니다.

물건을 나눌 때 이집트 사람들처럼 하면 훨씬 편리하게 나눌 수 있습니다.

❖ **진분수의 덧셈 알아보기**

- 분모가 다른 분수의 덧셈은 분모를 통분하여 계산합니다.
- 분모의 곱을 이용하여 통분한 후 계산합니다.

  (예) $\dfrac{3}{10}+\dfrac{3}{4}=\dfrac{3\times 4}{10\times 4}+\dfrac{3\times 10}{4\times 10}=\dfrac{12}{40}+\dfrac{30}{40}=\dfrac{42}{40}=1\dfrac{2}{40}=1\dfrac{1}{20}$

  (공통분모를 구하기 간편합니다.)

- 분모의 최소공배수를 이용하여 통분한 후 계산합니다.

  (예) $\dfrac{3}{10}+\dfrac{3}{4}=\dfrac{3\times 2}{10\times 2}+\dfrac{3\times 5}{4\times 5}=\dfrac{6}{20}+\dfrac{15}{20}=\dfrac{21}{20}=1\dfrac{1}{20}$

  (분자끼리의 덧셈이 간편합니다.)

- 진분수끼리의 합이 가분수이면 대분수로 고칩니다.

1 가장 큰 분수와 가장 작은 분수의 합을 구하시오.

$\dfrac{1}{2}$	$\dfrac{1}{3}$	$\dfrac{1}{4}$	$\dfrac{1}{5}$	$\dfrac{1}{6}$	$\dfrac{1}{7}$

2 석기는 어제 학교 도서관에서 동화책을 한 권 빌려서 읽었습니다. 어제는 전체의 $\dfrac{4}{7}$를 읽고 오늘은 전체의 $\dfrac{1}{5}$을 읽었습니다. 이틀 동안 읽은 양은 전체의 얼마입니까?

3 분수의 합이 1보다 큰 것에 모두 ○표 하시오.

$\dfrac{1}{3}+\dfrac{1}{4}$	$\dfrac{3}{5}+\dfrac{1}{4}$	$\dfrac{2}{7}+\dfrac{4}{5}$	$\dfrac{3}{8}+\dfrac{5}{6}$	$\dfrac{7}{12}+\dfrac{1}{3}$

4 꽃을 만드는 데 노란색 테이프를 $\dfrac{5}{8}$ m, 파란색 테이프를 $\dfrac{3}{5}$ m 사용하였습니다. 테이프를 모두 몇 m 사용했습니까?

〈분수의 종류〉
- 진분수 : 분자가 분모보다 작은 분수
- 가분수 : 분자가 분모와 같거나 분모보다 큰 분수
- 대분수 : 자연수와 진분수로 이루어진 분수
- 단위분수 : 분자가 1인 분수
- 기약분수 : 분모와 분자의 공약수가 1뿐인 분수

Jump ② 핵심응용하기

핵심 응용 □ 안에 들어갈 수 있는 자연수는 모두 몇 개입니까?

$$\frac{2}{9} + \frac{1}{6} < \frac{\square}{36} < \frac{2}{3} + \frac{7}{18}$$

🔆 공통분모를 무엇으로 할지 생각해 봅니다.

풀이 $\dfrac{\square}{36}$ 의 분모가 36이므로 공통분모를 $\boxed{}$ 으로 합니다.

$$\dfrac{\boxed{}}{\boxed{}} < \dfrac{\square}{36} < \dfrac{\boxed{}}{\boxed{}} \;\Rightarrow\; \boxed{} < \square < \boxed{}$$

따라서 □ 안에 들어갈 수 있는 자연수는 $\boxed{}$ 부터 $\boxed{}$ 까지이므로

모두 $\boxed{} - \boxed{} + 1 = \boxed{}$ (개)입니다.

답 _____

 1 $\dfrac{㉠}{6} + \dfrac{㉡}{9} = 1$을 만족하는 자연수 ㉠, ㉡을 모두 구하시오.

 2 오른쪽 삼각형의 세 변의 길이의 합은 몇 m입니까?

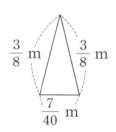

 3 한초는 어떤 일의 $\dfrac{1}{6}$ 을 완성하는 데 5일이 걸리고 석기는 같은 일의 $\dfrac{1}{5}$ 을 완성하는 데 4일이 걸린다고 합니다. 두 사람이 함께 일한다면 이 일을 완성하는 데 며칠이 걸리겠습니까? (단, 두 사람이 하루에 하는 일의 양은 각각 일정합니다.)

❖ **대분수의 덧셈 알아보기**

- 분모가 다른 대분수의 덧셈은 분모를 통분하여 계산합니다.
- 자연수는 자연수끼리 분수는 분수끼리 더해서 계산합니다.

  예) $1\frac{3}{5}+3\frac{1}{2}=1\frac{6}{10}+3\frac{5}{10}=(1+3)+(\frac{6}{10}+\frac{5}{10})=4+\frac{11}{10}=4+1\frac{1}{10}=5\frac{1}{10}$

  (분수 부분의 계산이 간편합니다.)

- 대분수를 가분수로 고쳐서 계산합니다.

  예) $1\frac{3}{5}+3\frac{1}{2}=\frac{8}{5}+\frac{7}{2}=\frac{16}{10}+\frac{35}{10}=\frac{51}{10}=5\frac{1}{10}$

  (자연수 부분과 분수 부분을 따로 떼어 계산하지 않아도 됩니다.)

❶ 빈 곳에 알맞은 수를 써넣으시오.

(1)　　　　　　　　　　(2)

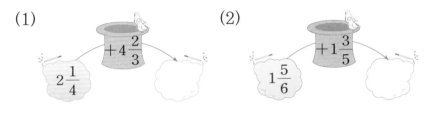

> 대분수를 가분수로 고쳐서 계산해도 됩니다.

❷ 규형이는 밭에서 어제는 $4\frac{2}{5}$ kg, 오늘은 $7\frac{1}{2}$ kg의 딸기를 날랐습니다. 어제와 오늘 규형이가 나른 딸기는 모두 몇 kg입니까?

> 〈대분수〉
> 대분수가 자연수보다 큰 분수라고 생각하여 大(큰 대)분수라고 생각하기 쉽지만 사실은 帶(띠 대)분수입니다. 대분수의 자연수 부분이 마치 진분수의 허리춤에 띠를 두른 것과 같은 모양이라는 데서 생겨난 이름입니다.

❸ 어떤 수에 $4\frac{5}{8}$ 를 더해야 할 것을 잘못하여 뺐더니 $5\frac{7}{12}$ 이 되었습니다. 바르게 계산하면 얼마입니까?

> ★ 먼저 어떤 수를 구합니다.

❹ 한초네 가족의 몸무게는 아버지는 $64\frac{4}{5}$ kg, 어머니는 $51\frac{3}{4}$ kg, 한초는 $43\frac{5}{8}$ kg, 동생은 $30\frac{1}{2}$ kg입니다. 아버지와 동생의 몸무게의 합과 어머니와 한초의 몸무게의 합 중에서 어느 쪽이 더 무겁습니까?

Jump ② 핵심응용하기

 핵심 응용 4장의 숫자 카드 중에서 3장을 뽑아 만들 수 있는 가장 큰 대분수와 가장 작은 대분수의 합을 구하시오.

$$\boxed{2} \quad \boxed{5} \quad \boxed{7} \quad \boxed{9}$$

☀ 가장 큰 대분수와 가장 작은 대분수를 만드는 방법을 생각해 봅니다.

풀이 숫자 카드 3장을 사용하여 대분수를 만들었을 때

$9\dfrac{\square}{7} > 9\dfrac{\square}{5} > 9\dfrac{\square}{7}$ 이므로 가장 큰 대분수는 $\square\dfrac{\square}{\square}$ 이고

$2\dfrac{\square}{9} > 2\dfrac{\square}{7} > 2\dfrac{\square}{9}$ 이므로 가장 작은 대분수는 $\square\dfrac{\square}{\square}$ 입니다.

따라서 $\square\dfrac{\square}{\square} + \square\dfrac{\square}{\square} = \square\dfrac{\square}{\square}$ 입니다.

답 _____

 1 오른쪽 그림과 같이 집에서 공원까지 가는 길이 2가지 있습니다. 우체국과 서점 중에서 어느 곳을 거쳐 가는 것이 더 가깝습니까?

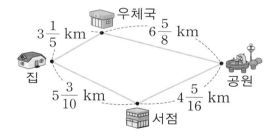

 2 바닥이 평평한 연못의 깊이가 $2\dfrac{5}{8}$ m라고 합니다. 이 연못에 막대를 넣고 다시 꺼내어 거꾸로 넣었더니 물에 젖지 않은 부분이 $1\dfrac{1}{20}$ m였습니다. 막대의 길이는 몇 m입니까? (단, 막대는 항상 수직으로 바닥까지 넣습니다.)

3 오른쪽 □ 안에 들어갈 수 있는 자연수가 5개일 때, ㉠을 구하시오.

$$4\dfrac{25}{27} + ㉠\dfrac{11}{15} < \square < 18$$

❖ **진분수의 뺄셈 알아보기**

- 분모가 다른 진분수의 뺄셈은 분모를 통분하여 계산합니다.
- 분모의 곱을 이용하여 통분한 후 계산합니다.

  ⑩ $\dfrac{5}{6} - \dfrac{1}{4} = \dfrac{5 \times 4}{6 \times 4} - \dfrac{1 \times 6}{4 \times 6} = \dfrac{20}{24} - \dfrac{6}{24} = \dfrac{14}{24} = \dfrac{7}{12}$

  (공통분모를 구하기 간편합니다.)

- 분모의 최소공배수를 이용하여 통분한 후 계산합니다.

  ⑩ $\dfrac{5}{6} - \dfrac{1}{4} = \dfrac{5 \times 2}{6 \times 2} - \dfrac{1 \times 3}{4 \times 3} = \dfrac{10}{12} - \dfrac{3}{12} = \dfrac{7}{12}$

  (분자끼리의 뺄셈이 간편합니다.)

- 계산 결과가 약분이 되면 약분하여 기약분수로 나타냅니다.

Jump도우미

1 빈 곳에 알맞은 수를 써넣으시오.

(1)
$\dfrac{3}{5}$ $-\dfrac{4}{7}$ ☐

(2)
$\dfrac{9}{14}$ $-\dfrac{4}{21}$ ☐

> 분모의 최소공배수를 공통분모로 하는 것이 편리합니다.

2 어떤 수에 $\dfrac{1}{6}$ 을 더했더니 $\dfrac{7}{9}$ 이 되었습니다. 어떤 수는 얼마입니까?

3 가영, 예슬, 석기는 각각 같은 크기의 색종이로 종이접기를 하는 데 가영이는 전체의 $\dfrac{7}{12}$ 을, 예슬이는 전체의 $\dfrac{3}{8}$ 을, 석기는 전체의 $\dfrac{3}{5}$ 을 사용하였습니다. 남은 색종이가 가장 많은 사람은 가장 적은 사람보다 전체의 얼마만큼 더 많이 남았습니까?

> 세 사람의 남은 색종이는 각각 전체의 얼마인지 알아봅니다.

4 가장 큰 분수와 가장 작은 분수의 차를 구하시오.

$\dfrac{3}{4}$ $\dfrac{4}{5}$ $\dfrac{10}{11}$ $\dfrac{8}{9}$ $\dfrac{11}{12}$

핵심 응용

영수와 지혜는 2개의 주사위를 동시에 던져 나온 눈의 수로 진분수를 만들었습니다. 영수가 던져서 나온 눈은 :: ∴ , 지혜가 던져서 나온 눈은 ∷ ∴ 입니다. 영수와 지혜 중에서 누가 얼마나 더 큰 분수를 만들었습니까?

생각 열기 영수와 지혜가 만든 진분수를 각각 알아봅니다.

풀이 영수가 만든 진분수는 $\dfrac{\square}{\square}$ 이고 지혜가 만든 진분수는 $\dfrac{\square}{\square}$ 입니다.

따라서 $\dfrac{\square}{\square} > \dfrac{\square}{\square}$ 이므로 $\square$ 가 $\dfrac{\square}{\square} - \dfrac{\square}{\square} = \dfrac{\square}{\square} - \dfrac{\square}{\square} = \dfrac{\square}{\square}$

더 큰 분수를 만들었습니다.

답 _____

 확인 **1** 한별이는 어제 동화책 한 권을 사서 전체의 $\dfrac{3}{7}$ 만큼 읽고 오늘은 전체의 $\dfrac{4}{9}$ 만큼 읽었습니다. 동화책 한 권을 다 읽으려면 전체의 얼마를 더 읽어야 합니까?

확인 **2** $\square$ 안에 들어갈 수 있는 분수 중에서 단위분수는 모두 몇 개입니까?

$$\frac{1}{7} - \frac{1}{8} < \square < \frac{1}{5} - \frac{1}{6}$$

❖ **대분수의 뺄셈 알아보기**

- 분모가 다른 대분수의 뺄셈은 분모를 통분하여 계산합니다.
- 자연수는 자연수끼리 분수는 분수끼리 빼서 계산합니다.

  (예) $3\frac{2}{3} - 1\frac{1}{4} = (3-1) + \left(\frac{2}{3} - \frac{1}{4}\right) = 2 + \frac{5}{12} = 2\frac{5}{12}$

  (분수 부분의 계산이 간편합니다.)

- 가분수로 고쳐서 계산합니다.

  (예) $3\frac{2}{3} - 1\frac{1}{4} = \frac{11}{3} - \frac{5}{4} = \frac{44}{12} - \frac{15}{12} = \frac{29}{12} = 2\frac{5}{12}$

  (자연수 부분과 분수 부분을 따로 떼어 계산하지 않아도 됩니다.)

- 진분수 부분의 뺄셈이 되지 않을 때에는 자연수 부분에서 받아내림을 합니다.

  (예) $5\frac{1}{3} - 2\frac{3}{4} = 5\frac{4}{12} - 2\frac{9}{12} = 4\frac{16}{12} - 2\frac{9}{12} = (4-2) + \left(\frac{16}{12} - \frac{9}{12}\right) = 2 + \frac{7}{12} = 2\frac{7}{12}$

① 계산 결과가 가장 큰 것과 가장 작은 것의 차를 구하시오.

     ㉠ $12\frac{2}{3} - 8\frac{4}{5}$ ㉡ $7\frac{1}{2} - 3\frac{1}{18}$ ㉢ $25\frac{5}{6} - 21\frac{3}{8}$

② 학교에서 슈퍼마켓까지의 거리는 $2\frac{1}{4}$ km, 문구점까지의 거리는 $1\frac{3}{5}$ km입니다. 학교에서 어느 곳이 몇 km 더 멉니까?

☆ 자연수에서 받아내림하여 뺍니다.

③ 어제 밭에서 고구마를 $12\frac{1}{8}$ kg, 땅콩을 $4\frac{3}{10}$ kg 캤습니다. 어느 것을 몇 kg 더 많이 캤습니까?

④ 다음 두 식을 모두 만족하는 ㉯를 구하시오.

     $1\frac{3}{7} + ㉮ = 4$ $㉮ - 1\frac{3}{5} = ㉯$

 응용

㉮와 ㉯ 두 통에 기름이 들어 있었습니다. ㉮ 통에 들어 있던 기름 $12\frac{5}{16}$ L 중에서 $3\frac{7}{20}$ L를 ㉯ 통으로 옮겨 담았더니 두 통에 담긴 기름의 양이 같아졌습니다. 처음에 ㉯ 통에 들어 있던 기름은 몇 L입니까?

생각 열기 먼저 ㉮ 통에 남은 기름의 양을 구해 봅니다.

풀이 (㉮ 통에 남은 기름의 양)$=12\frac{5}{16}-\boxed{}\frac{\boxed{}}{\boxed{}}=\boxed{}\frac{\boxed{}}{80}$ (L)

처음에 ㉯ 통에 들어 있던 기름의 양을 ㉠이라 하면

$㉠+\boxed{}\frac{\boxed{}}{\boxed{}}=\boxed{}\frac{\boxed{}}{80}$ $㉠=\boxed{}\frac{\boxed{}}{\boxed{}}-\boxed{}\frac{\boxed{}}{\boxed{}}=\boxed{}\frac{\boxed{}}{80}$ (L)

따라서 처음에 ㉯ 통에 들어 있던 기름은 $\boxed{}\frac{\boxed{}}{\boxed{}}$ L입니다.

답 _____

 1 오른쪽 삼각형은 세 변의 길이의 합이 $22\frac{11}{20}$ cm 인 이등변삼각형입니다. 변 ㄴㄷ의 길이는 몇 cm 입니까?

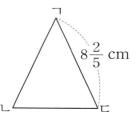
$8\frac{2}{5}$ cm

 2 코코아가 가득 든 병의 무게가 $3\frac{1}{8}$ kg입니다. 상연이와 친구들이 코코아의 반을 마시고 무게를 재었더니 $2\frac{3}{20}$ kg이었습니다. 빈 병 의 무게는 몇 kg입니까?

 3 ㉮와 ㉯ 사이의 거리와 ㉰와 ㉱ 사이의 거리의 차는 몇 km입니까?

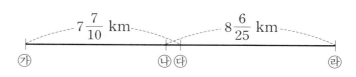

1 ㉠과 ㉡은 1부터 100까지의 자연수 중에서 서로 다른 두 수입니다. 다음 식을 계산한 값이 가장 큰 값이 되도록 하는 ㉠과 ㉡을 각각 구하시오.

$$\frac{㉠}{㉠-㉡}+\frac{㉡}{㉠-㉡}$$

2 길이가 $7\frac{12}{25}$ m인 막대로 바닥이 평평한 호수의 깊이를 재려고 합니다. 막대를 호수의 바닥에 닿도록 넣었다가 꺼내어 다시 바닥에 닿도록 거꾸로 넣었더니 물에 젖지 않은 부분이 $\frac{4}{5}$ m였습니다. 호수의 깊이는 몇 m입니까? (단, 막대는 항상 수직으로 바닥까지 넣습니다.)

3 1부터 10까지의 자연수 중에서 ☐ 안에 들어갈 수 있는 수는 모두 몇 개입니까?

$$\frac{7}{9}+\frac{☐}{39}<1$$

4 어떤 수에서 $3\frac{3}{4}$ 을 뺀 후 $1\frac{6}{25}$ 을 더해야 할 것을 잘못하여 어떤 수에 $3\frac{3}{4}$ 을 더한 후 $1\frac{6}{25}$ 을 뺐더니 8이 되었습니다. 바르게 계산하면 얼마인지 구하시오.

5 다음 두 식을 모두 만족하는 ㉮와 ㉯를 각각 구하시오.

$$㉮+㉯=1\frac{1}{4} \quad ㉮-㉯=\frac{1}{12}$$

6 ㉠은 $\frac{2}{3}$ 와 $\frac{3}{4}$ 사이에 있는 분수 중에서 분자가 12인 진분수입니다. ㉡에 알맞은 수를 구하시오.

$$4\frac{3}{8}+3\frac{12}{17}=㉠+㉡$$

7 호박, 당근, 오이가 있습니다. 호박과 당근의 무게를 달아 보니 $2\frac{5}{8}$ kg이었고 오이와 호박의 무게를 달아 보니 $2\frac{3}{5}$ kg이었으며 세 개를 동시에 달아 보니 $3\frac{9}{40}$ kg이었습니다. 가장 무거운 순서대로 그 무게를 쓰시오.

8 길이가 $4\frac{1}{4}$ m, $3\frac{5}{8}$ m, $2\frac{11}{20}$ m인 색 테이프 3개를 겹치게 이어 붙였더니 이어 붙인 전체의 길이가 $7\frac{1}{20}$ m였습니다. 겹쳐진 부분의 길이는 모두 몇 m입니까?

9 가⊙나＝가＋가－나라고 약속할 때, □ 안에 알맞은 수를 구하시오.

$$4\frac{5}{12} \odot \square = 5\frac{5}{18}$$

10 보기와 같은 방법을 이용하여 다음을 계산하시오.

보기

$$\frac{1}{2} = \frac{1}{1 \times 2} = \frac{1}{1} - \frac{1}{2}$$

$$\frac{1}{2} + \frac{1}{6} + \frac{1}{12} + \frac{1}{20} + \frac{1}{30} + \frac{1}{42} + \frac{1}{56}$$

11 지혜, 예슬, 효근, 동민이가 달리기 경주를 하고 있습니다. 다음은 출발한 후 10초가 지났을 때 네 사람 사이의 거리를 나타낸 것입니다. 효근이는 동민이보다 몇 m 앞에 달리고 있습니까?

- 지혜는 예슬이보다 $2\frac{4}{5}$ m 앞에 있습니다.
- 효근이는 지혜보다 $4\frac{3}{4}$ m 뒤에 있습니다.
- 예슬이는 동민이보다 $3\frac{1}{8}$ m 앞에 있습니다.

12 크기가 같은 정삼각형을 그림과 같은 규칙으로 똑같이 나누어 색칠할 때, 세 번째와 다섯 번째 그림에서 색칠한 부분의 차는 첫 번째 그림에서 색칠한 부분의 몇 분의 몇입니까?

첫 번째   두 번째   세 번째   ......

13 한 장의 길이가 $5\frac{2}{5}$ cm인 색 테이프 5장을 연결하여 둥근 고리를 만들려고 합니다. 풀칠하는 부분이 $\frac{1}{4}$ cm씩일 때, 둥근 고리의 둘레는 몇 cm입니까?

14 어떤 일을 혼자서 하면 웅이는 8일, 상연이는 16일, 규형이는 4일이 걸린다고 합니다. 이 일을 하루에 한 명씩 웅이, 상연, 규형 순으로 번갈아 한다면 며칠 만에 끝낼 수 있습니까? (단, 세 사람이 하루에 하는 일의 양은 각각 일정합니다.)

15 ㉮에서 ㉯를 빼면 $\frac{1}{5}$이 되고 ㉮에서 ㉰를 빼면 $\frac{7}{15}$이 되는 ㉮, ㉯, ㉰ 세 수가 있습니다. 세 수의 합이 $1\frac{11}{15}$일 때, 세 수는 각각 얼마입니까?

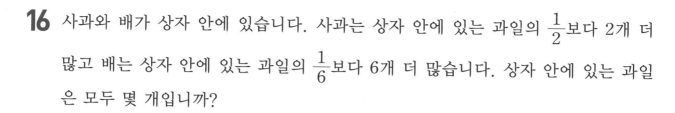
16 사과와 배가 상자 안에 있습니다. 사과는 상자 안에 있는 과일의 $\frac{1}{2}$보다 2개 더 많고 배는 상자 안에 있는 과일의 $\frac{1}{6}$보다 6개 더 많습니다. 상자 안에 있는 과일은 모두 몇 개입니까?

17 어느 초등학교의 농구부와 축구부 인원을 더하면 모두 84명입니다. 농구부 인원의 반과 축구부 인원의 $\frac{5}{9}$의 합이 45명이라면, 농구부 인원과 축구부 인원은 각각 몇 명입니까?

18 ㉠, ㉡, ㉢, ㉣이 다음을 만족할 때, $\frac{㉡}{㉠}+\frac{㉣}{㉢}$의 가장 작은 값을 구하시오.

> • ㉠, ㉡, ㉢, ㉣은 서로 다른 한 자리 수입니다.
> • ㉠, ㉡, ㉢, ㉣의 약수는 각각 2개씩입니다.

1 ㉠, ㉡에 알맞은 수를 찾아 (㉠, ㉡)으로 나타낸다면 (㉠, ㉡)은 모두 몇 가지입니까? (단, ㉠, ㉡은 자연수입니다.)

$$\frac{㉠}{3} + \frac{4}{㉡} = 5$$

2 다음과 같은 규칙으로 수를 늘어놓을 때, 32번째와 66번째의 분수의 합을 구하시오.

$$1, \frac{1}{2}, 2, \frac{2}{3}, 3, \frac{3}{4}, 4, \frac{4}{5}, 5, \frac{5}{6}, 6, \frac{6}{7}, \cdots\cdots$$

3 벙어리 장갑을 만드는 데 지혜는 6일, 신영이는 12일, 한별이는 4일이 걸립니다. 이것을 지혜와 신영이가 함께 만들면 신영이와 한별이가 함께 만들 때보다 며칠이 더 걸리겠습니까? (단, 세 사람이 하루에 만드는 양은 각각 일정합니다.)

4   □ 안에 공통으로 들어갈 수 있는 자연수를 구하시오.

$$\frac{3}{4}+\frac{\square}{5}+\frac{\square}{15}+\frac{2}{3}+\frac{\square}{45}=2\frac{103}{180}$$

5   다음을 계산하시오.

$$1+\frac{1}{2}+1+\frac{1}{3}+\frac{2}{3}+1+\cdots\cdots+\frac{5}{8}+\frac{6}{8}+\frac{7}{8}+1$$

6   다음과 같은 규칙으로 분수를 늘어놓을 때, 7번째 분수와 8번째 분수의 차를 구하시오.

$$\frac{1}{1},\ \frac{1}{2},\ \frac{2}{3},\ \frac{3}{5},\ \frac{5}{8},\ \cdots\cdots$$

7 한초네 학교의 5학년 학생 중에서 수학을 좋아하는 학생은 전체의 $\frac{5}{8}$, 영어를 좋아하는 학생은 전체의 $\frac{3}{8}$이고, 수학과 영어를 모두 좋아하지 않는 학생은 전체의 $\frac{1}{4}$입니다. 수학과 영어를 모두 좋아하는 학생이 40명이라면 5학년 전체 학생은 모두 몇 명입니까?

8 한솔이는 할머니 댁에 가려고 집을 나섰습니다. 집에서 500 m 떨어진 역까지 걸어서 도착한 후 전체 거리의 $\frac{2}{3}$는 지하철을, 전체 거리의 $\frac{1}{5}$은 버스를 탔으며 마지막 300 m는 걸어서 갔습니다. 한솔이네 집에서 할머니 댁까지의 거리는 몇 km입니까?

9 □ 안에 모두 같은 자연수가 들어갑니다. □ 안에 알맞은 수는 얼마입니까?

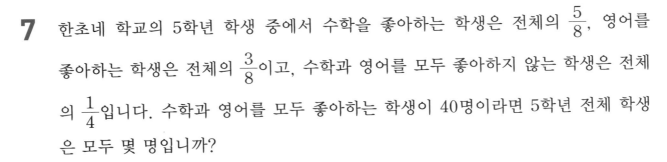

$$\frac{1}{\square+1} + \frac{2}{\square+1} + \frac{3}{\square+1} + \cdots\cdots + \frac{\square-1}{\square+1} + \frac{\square}{\square+1} = 16$$

다음과 같이 앞의 두 수를 더하면 다음 수가 나오는 규칙을 피보나치 수라고 합니다. 물음에 답하시오. [10~11]

$$1, 1, 2, 3, 5, 8, 13, 21, 34, 55, \cdots\cdots$$

10 피보나치 수와 같은 규칙으로 분수를 늘어놓으려고 합니다. 마지막 □ 안에 알맞은 수를 구하시오.

$$\frac{1}{3}, \ \frac{1}{3}, \ \Box, \ \Box, \ \Box, \ \Box, \ \Box, \ \Box$$

11 피보나치 수와 같은 규칙으로 분수를 늘어놓으려고 합니다. 처음 □ 안에 알맞은 수를 구하시오.

$$\Box, \ \Box, \ \Box, \ \Box, \ \Box, \ \Box, \ 3\frac{1}{4}, \ 5\frac{1}{4}$$

12 예슬이와 석기는 같은 개수의 구슬을 가지고 있었습니다. 두 사람은 친구들과 구슬치기를 하여 예슬이는 가지고 있던 구슬의 $\frac{3}{4}$을 잃은 뒤 20개를 땄고, 석기는 가지고 있던 구슬의 $\frac{3}{13}$을 잃은 뒤 다시 7개를 더 잃었습니다. 예슬이와 석기의 남은 구슬 수가 같다면 처음에 두 사람이 가지고 있던 구슬은 몇 개씩이었습니까?

13 물통에 물을 가득 채우는 데 ㉮ 수도꼭지로는 8분, ㉯ 수도꼭지로는 6분이 각각 걸립니다. 물통에 구멍이 나서 ㉯ 수도꼭지로 물을 가득 채우는 데 4분이 더 걸렸습니다. 구멍이 난 물통을 ㉮와 ㉯ 수도꼭지를 함께 사용하여 4분 동안 채울 수 있는 물의 양은 전체 물통의 들이의 얼마입니까?

14 바닥이 평평한 연못의 깊이를 측정하기 위하여 길이의 차가 60 cm인 두 개의 막대를 수면과 수직이 되도록 물 속에 넣어 보았더니 긴 막대의 $\frac{5}{8}$와 짧은 막대의 $\frac{3}{4}$이 각각 젖었습니다. 연못의 깊이는 몇 m입니까?

15 지구 표면적의 $\frac{7}{10}$은 바다이고 바다의 $\frac{4}{7}$는 남반구에 있습니다. 북반구의 육지 면적은 지구 표면적의 몇 분의 몇이 되겠습니까?

16 오른쪽 그림에서 각 면의 네 꼭짓점의 수의 합은 모두 같도록 만들려고 합니다. 가, 나, 다에 알맞은 분수를 구하시오.

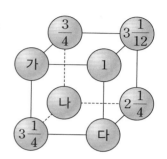

17 다음을 계산하시오.

$$\frac{1}{2}+\frac{1}{4}+\frac{1}{8}+\frac{1}{16}+\cdots$$

18 $3!=3\times2\times1$, $4!=4\times3\times2\times1$, $5!=5\times4\times3\times2\times1$, $\cdots$을 뜻합니다. 다음 식의 값을 구하시오.

$$\frac{12!-11!}{3!\times10!}+\frac{11!-10!}{2!\times9!}$$

1 빈칸에 1부터 9까지의 자연수를 넣어 가로, 세로, 대각선에 있는 세 수의 합이 모두 같게 만들 수 있습니다. 이와 같은 방법으로 빈칸에 기약분수를 넣어 가로, 세로, 대각선의 세 수의 합이 1이 되도록 만들어 보시오.

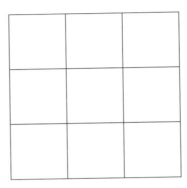

2 $\dfrac{2}{35} = \dfrac{1}{\square} - \dfrac{1}{\square}$ 을 이용하여 다음을 구하시오.

$$\frac{2}{35} + \frac{2}{63} + \frac{2}{99} + \frac{2}{143} + \frac{2}{195} + \frac{2}{255}$$

다각형의 둘레와 넓이

이야기 수학

❋ 사다리꼴 모양의 땅 나누기

"내가 죽으면 첫째 아들은 이 사다리꼴 모양의 땅 안의 아무 곳에나 기둥을 세워야 한다. 그리고 기둥과 사다리꼴의 각 꼭짓점을 직선으로 연결하면 땅이 삼각형 모양으로 나뉠 것이다. 그 나눠진 땅을 둘째, 셋째, 넷째 아들 순서로 선택해 유산으로 가져라. 세 아들이 다 선택하고 나면 남는 땅이 큰 아들의 유산이 된다."

큰 아들이 할 수 있는 최선의 선택은 대칭선을 3 : 1로 나누는 곳에 기둥을 세워 위와 같은 넓이가 되도록 하는 것입니다. 아버지는 둘째, 셋째 아들을 더 사랑했음이 틀림없습니다.

❖ **정다각형의 둘레 구하기**

(정다각형의 둘레)＝(한 변의 길이)×(변의 수)

❖ **직사각형의 둘레 구하기**

(직사각형의 둘레)＝(가로)×2＋(세로)×2＝{(가로)＋(세로)}×2

❖ **평행사변형의 둘레 구하기**

(평행사변형의 둘레)＝(한 변의 길이)×2＋(다른 한 변의 길이)×2

＝{(한 변의 길이)＋(다른 한 변의 길이)}×2

❖ **마름모의 둘레 구하기**

(마름모의 둘레)＝(한 변의 길이)×4

① 한 변의 길이가 8 cm인 정육각형과 한 변의 길이가 5 cm인 정팔각형의 둘레의 차를 구하시오.

② 예슬이는 길이가 90 cm인 철사를 모두 사용하여 직사각형 모양 한 개를 만들려고 합니다. 가로를 22 cm로 한다면 직사각형의 가로와 세로의 차는 몇 cm입니까? (단, 철사의 굵기는 무시합니다.)

③ 서로 다른 두 변의 길이가 각각 5 cm, 7 cm인 평행사변형과 직사각형의 둘레의 합을 구하시오.

☆ 평행사변형과 직사각형은 마주 보는 변의 길이가 각각 같습니다.

④ 서로 다른 두 변의 길이가 8 cm, 10 cm인 평행사변형과 둘레가 같은 마름모가 있습니다. 마름모의 한 변의 길이를 구하시오.

☆ 마름모는 네 변의 길이가 모두 같습니다.

핵심 응용

오른쪽 도형 가와 나는 크기가 같은 정사각형으로 만든 모양입니다. 가의 둘레가 84 cm일 때, 나의 둘레는 몇 cm인지 구하시오.

가   나

생각열기 도형의 둘레는 정사각형의 한 변의 길이의 몇 배인지 생각해 봅니다.

풀이 가의 둘레는 정사각형의 한 변의 길이의 ☐ 배와 같으므로

정사각형의 한 변의 길이는 84 ÷ ☐ = ☐ (cm)입니다.

따라서 나의 둘레는 정사각형의 한 변의 길이의 ☐ 배와 같으므로

☐ × ☐ = ☐ (cm)입니다.

답 _____

확인 1 다음 그림과 같이 왼쪽 직사각형을 점선을 따라 잘라 정사각형과 직사각형을 만들었습니다. 처음 직사각형의 둘레는 몇 cm입니까?

➡

둘레 : 36 cm   둘레 : 42 cm

확인 2 다음 그림과 같은 규칙으로 한 변의 길이가 8 cm인 정사각형을 한 변의 길이를 $\frac{1}{2}$씩 줄여가며 계속해서 그리면 14번째에 그려지는 도형의 둘레는 몇 cm입니까?

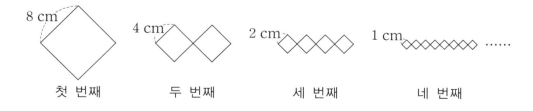

8 cm   4 cm   2 cm   1 cm   ......

첫 번째   두 번째   세 번째   네 번째

❖ **도형의 넓이 비교**

• 도형의 넓이를 직접 비교하기

➡ (㉮의 넓이) < (㉯의 넓이)

• 단위넓이로 비교하기

단위넓이

➡ (㉮의 넓이) < (㉯의 넓이)

❖ **도형의 넓이**

• 도형의 넓이를 나타낼 때에는 한 변의 길이가 1 cm인 정사각형의 넓이를 넓이의 단위로 사용합니다.

• 한 변의 길이가 1 cm인 정사각형의 넓이를 1 cm²라 쓰고 1 제곱센티미터라고 읽습니다.

Jump도우미

1 파란색 색종이와 분홍색 색종이의 크기가 달라서 두 색종이를 겹쳐 보았더니 분홍색 색종이가 파란색 색종이 안에 포함되었습니다. 어느 색종이가 더 넓습니까?

2 작은 정사각형 한 개의 넓이가 4 cm²일 때, 오른쪽 도형의 넓이는 몇 cm²입니까?

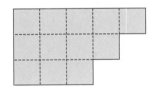

3 오른쪽 도형의 넓이는 왼쪽 도형의 넓이의 몇 배입니까?

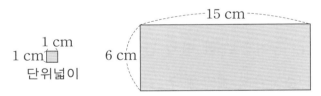

4 넓이가 6 cm²인 직사각형을 서로 다른 2가지 방법으로 그려 보시오.

핵심 응용 오른쪽 그림은 정사각형을 크기가 같은 작은 정사각형 3개와 직사각형 1개로 나눈 것입니다. 직사각형의 둘레가 60 cm일 때, 큰 정사각형의 넓이는 단위넓이의 몇 배입니까?

1 cm
☐ 1 cm
단위넓이

생각열기 직사각형의 가로는 작은 정사각형의 한 변의 길이의 3배입니다.

풀이 작은 정사각형의 한 변의 길이를 ☐라고 하면 직사각형의 가로는 ☐ × ▨ ,
세로는 ☐ × ▨ 입니다. 직사각형의 둘레가 60 cm이므로
(☐ × ▨ + ☐ × ▨) × 2 = 60, ☐ × ▨ = 30, ▨ = ☐ (cm)입니다.
따라서 큰 정사각형의 한 변의 길이는 ☐ × 3 = ☐ (cm)이므로
큰 정사각형의 넓이는 단위넓이의 ☐ × ☐ = ☐ (배)입니다.

답 _____

확인 1 오른쪽 그림은 정사각형의 각 변의 가운데 점을 이어 작은 정사각형을 계속 그린 것입니다. 가장 큰 정사각형의 넓이는 색칠한 부분의 넓이의 몇 배입니까?

확인 2 오른쪽 그림과 같이 정사각형을 크기와 모양이 같은 직사각형 4개로 나누었습니다. 작은 직사각형 한 개의 둘레가 70 cm일 때, 작은 직사각형 한 개의 넓이는 단위넓이의 몇 배입니까?

1 cm
☐ 1 cm
단위넓이

❖ **직사각형의 넓이**

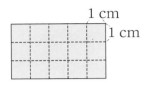

직사각형의 가로는 5 cm, 세로는 3 cm입니다.
직사각형의 넓이는 $5 \times 3 = 15 (\text{cm}^2)$입니다.
(직사각형의 넓이) = (가로) × (세로)

❖ **정사각형의 넓이**

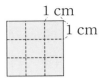

정사각형은 직사각형이라고 할 수 있습니다.
정사각형의 넓이는 $3 \times 3 = 9 (\text{cm}^2)$입니다.
(정사각형의 넓이) = (한 변) × (한 변)

> Jump도우미

1 도형의 넓이는 몇 cm²입니까?

(1)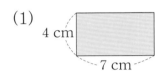

(2)

6 cm   6 cm

2 □ 안에 알맞은 수를 써넣으시오.

(1) 직사각형의 넓이 : 45 cm²

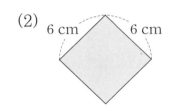

□ cm

(2) 정사각형의 넓이 : 121 cm²

□ cm

3 가로가 17 cm이고 세로가 20 cm인 직사각형 모양의 공책이 있습니다. 이 공책의 넓이는 몇 cm²입니까?

4 둘레가 48 cm인 정사각형 모양의 색종이가 있습니다. 이 색종이의 넓이는 몇 cm²입니까?

★ 색종이의 한 변의 길이를 먼저 구합니다.

핵심 응용 오른쪽 직사각형에서 색칠한 부분의 넓이는 몇 cm²입니까?

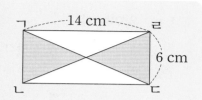

생각열기 직사각형을 한 대각선을 따라 잘랐을 때, 만들어지는 두 삼각형의 넓이는 같습니다.

풀이 오른쪽 그림과 같이 삼각형이 만나는 꼭짓점을 지나는

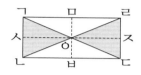

보조선인 직선 ㅁㅂ과 직선 ☐ 을 그으면 삼각형 ㄱㅅㅇ,

삼각형 ☐, 삼각형 ㅅㄴㅇ, 삼각형 ☐, 삼각형 ㄷㅇㅂ,

삼각형 ☐, 삼각형 ㄹㅇㅈ, 삼각형 ☐ 의 넓이는 모두 같습니다.

따라서 직사각형의 넓이는 색칠한 부분의 넓이의 ☐ 배이므로 색칠한 부분의

넓이는 ☐ × ☐ ÷ ☐ = ☐ (cm²)입니다.

답 _____

1 오른쪽 그림과 같이 크기가 다른 정사각형 2개를 겹치게 놓았습니다. 겹쳐지지 않은 두 부분의 넓이의 차를 구하시오.

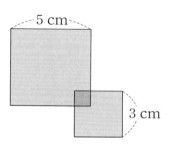

2 다음 그림과 같이 한 변이 10 cm인 정사각형 모양의 색종이를 7장 겹쳐서 직사각형을 만들었습니다. 색종이의 겹쳐진 부분이 각각 2 cm일 때, 만들어진 직사각형의 넓이는 몇 cm²입니까?

❖ **1 m² 알아보기**

한 변의 길이가 1 m인 정사각형의 넓이를 1 m^2라 쓰고 1 제곱미터라고 읽습니다.

$$1 \text{ m}^2 = 10000 \text{ cm}^2$$

❖ **1 km² 알아보기**

한 변의 길이가 1 km인 정사각형의 넓이를 1 km^2라 쓰고 1 제곱킬로미터라고 읽습니다.

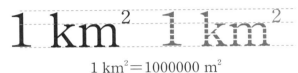

$$1 \text{ km}^2 = 1000000 \text{ m}^2$$

Jump도우미

> $1 \text{ m}^2 = 10000 \text{ cm}^2$
> $1 \text{ km}^2 = 1000000 \text{ m}^2$

① □ 안에 알맞은 수를 써넣으시오.

(1) $5 \text{ m}^2 = \boxed{} \text{ cm}^2$

(2) $200000 \text{ cm}^2 = \boxed{} \text{ m}^2$

(3) $8 \text{ km}^2 = \boxed{} \text{ m}^2$

(4) $6000000 \text{ m}^2 = \boxed{} \text{ km}^2$

② 직사각형의 넓이를 구하시오.

(1)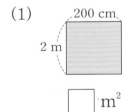

$\boxed{} \text{ m}^2$

(2)

3 km   ⌒ 7000 m ⌒

$\boxed{} \text{ km}^2$

> 넓이에 따라 적당한 단위를 골라 사용합니다.

③ 보기 에서 알맞은 단위를 골라 □ 안에 써넣으시오.

보기

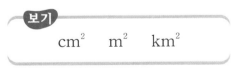

$$\text{cm}^2 \quad \text{m}^2 \quad \text{km}^2$$

(1) 서울의 면적은 약 605 $\boxed{}$ 입니다.

(2) 영수네 과수원의 넓이는 약 600 $\boxed{}$ 입니다.

핵심 응용

어느 회사에서 만든 태양광 발전을 위한 패널은 가로가 80 cm, 세로가 60 cm인 직사각형입니다. 그림과 같이 건물 옥상에 패널을 10개씩 5줄 설치했을 때, 설치된 패널의 전체 넓이는 몇 m^2인지 구해 보시오.

생각 열기 1 m^2는 10000 cm^2입니다.

풀이 가로가 80 cm, 세로가 60 cm인 패널이 10개씩 5줄 있을 때 패널의 간격이 없이

모두 붙여 놓으면 전체의 가로는 □ cm이고 세로는 □ cm이므로

설치된 패널의 전체 넓이는 □ × □ = □ (cm^2) 입니다.

10000 cm^2= □ m^2이므로 설치된 패널의 전체 넓이는 □ m^2입니다.

답 _____

1 도형에서 색칠한 부분의 넓이를 구하시오.

(1)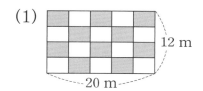

(2)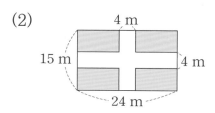

2 오른쪽 그림과 같이 크기가 같은 두 정사각형을 겹쳐지도록 그렸습니다. 정사각형 한 개의 넓이가 64 m^2라면 색칠한 부분의 넓이는 몇 m^2입니까?

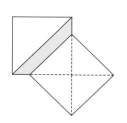

❖ **평행사변형의 밑변과 높이**

평행사변형에서 평행한 두 변을 밑변이라 하고 두 밑변 사이의 거리를 높이라고 합니다.

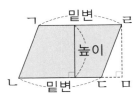

❖ **평행사변형의 넓이**

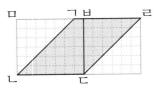

(평행사변형 ㄱㄴㄷㄹ의 넓이)
= (직사각형 ㅁㄴㄷㅂ의 넓이)
= (가로) × (세로)
= (밑변) × (높이)

➡ 밑변과 높이가 같은 평행사변형의 넓이는 서로 같습니다.

Jump 도우미

1 평행사변형의 넓이는 몇 cm²입니까?

(1)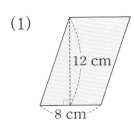

(2)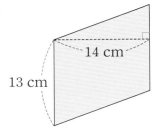

2 다음 중 넓이가 가장 넓은 것은 어느 것입니까? 또, 그렇게 생각한 이유를 쓰시오.

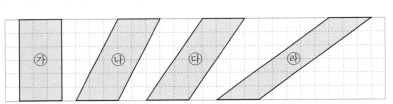

★ 평행사변형의 밑변과 높이가 같을 때 넓이는 어떻게 되는지 알아봅니다.

 ▢ 안에 알맞은 수를 써넣으시오. [3~4]

3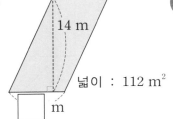

4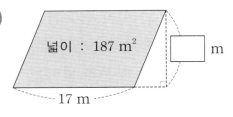

핵심 응용

오른쪽 평행사변형 ㄱㄴㄷㄹ의 둘레가 80 cm일 때, 선분 ㄱㄷ의 길이는 몇 cm입니까?

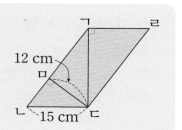

생각 열기 평행사변형에서 밑변과 높이가 되는 선분을 찾아봅니다.

풀이 선분 ㄱㄴ의 길이는 $(80-\boxed{}-\boxed{})\div 2=\boxed{}$ (cm)입니다.

(평행사변형의 넓이)＝(선분 ㄱㄴ의 길이)×(선분 $\boxed{}$의 길이)

＝(선분 ㄴㄷ의 길이)×(선분 $\boxed{}$의 길이)

따라서 $\boxed{}$×12＝15×(선분 ㄱㄷ의 길이)이므로

선분 ㄱㄷ의 길이는 $\boxed{}\times\boxed{}\div\boxed{}=\boxed{}$ (cm)입니다.

답 _____

 1 오른쪽 평행사변형 ㄱㄴㄷㄹ에서 색칠한 부분의 넓이는 361 cm²입니다. 선분 ㄱㄹ과 선분 ㄹㅁ의 길이가 같다고 할 때, 평행사변형 ㄱㄴㄷㄹ의 넓이는 몇 cm²입니까?

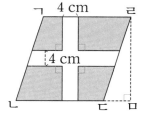

 2 오른쪽 그림은 밑변이 4 cm이고 높이가 7 cm인 평행사변형 6개를 이어 놓은 것입니다. 그림에서 찾을 수 있는 모든 평행사변형의 넓이의 합은 몇 cm²입니까?

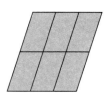

❖ **삼각형의 밑변과 높이**

삼각형에서 한 변을 밑변이라고 하면 밑변과 마주 보는 꼭짓점에서 밑변에 수직으로 그은 선분의 길이를 높이라고 합니다.

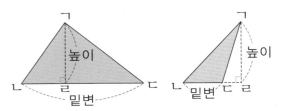

❖ **삼각형의 넓이**

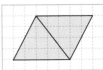

(삼각형의 넓이)
= (평행사변형의 넓이) ÷ 2
= (밑변) × (높이) ÷ 2

➡ 밑변과 높이가 같은 삼각형의 넓이는 서로 같습니다.

Jump도우미

❶ 밑변이 17 cm이고 높이가 16 cm인 삼각형이 있습니다. 이 삼각형의 넓이는 몇 cm²입니까?

❷ 색칠한 도형의 넓이는 몇 cm²입니까?

(1)
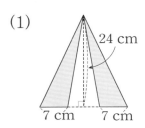

(2)

❸ 한 변의 길이가 6 m인 삼각형이 있습니다. 이 변은 8 m인 변과 직각을 이루며 10 m인 변과 만납니다. 삼각형의 넓이는 몇 m²입니까?

❹ 직사각형의 둘레에 있는 8개의 점들로 만든 삼각형 중에서 넓이가 같은 삼각형은 모두 몇 쌍입니까?

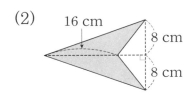

⭐ 삼각형에서 밑변과 높이가 같으면 모양이 달라도 넓이가 같습니다.

Jump② 핵심응용하기

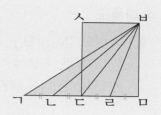

핵심 응용 오른쪽 그림에서 직사각형 ㅅㄷㅁㅂ의 넓이가 108 cm²일 때, 삼각형 ㅂㄱㄴ의 넓이는 몇 cm² 입니까?

생각열기 삼각형 ㅂㄱㄴ의 넓이가 직사각형 ㅅㄷㅁㅂ의 넓이의 얼마인지 알아봅니다.

풀이 삼각형 ㅂㄷㅁ의 넓이는 직사각형 ㅅㄷㅁㅂ의 넓이의 $\dfrac{1}{\Box}$, 삼각형 ㅂㄹㅁ의 넓이는

삼각형 ㅂㄷㅁ의 넓이의 $\dfrac{1}{\Box}$이므로 삼각형 ㅂㄹㅁ의 넓이는 직사각형 ㅅㄷㅁㅂ의

넓이의 $\dfrac{1}{\Box}$이 됩니다.

따라서 삼각형 ㅂㄱㄴ의 넓이는 삼각형 ㅂㄹㅁ의 넓이와 같으므로

$\Box \div \Box = \Box$ (cm²)입니다.

답 _____

1 오른쪽 도형에서 색칠한 부분의 넓이는 몇 cm² 입니까?

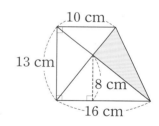

2 오른쪽 그림과 같이 삼각형 ㄱㄴㄷ의 변 ㄱㄴ 과 변 ㄱㄷ에서 연장선을 그어 변 ㄱㄴ의 4배, 변 ㄱㄷ의 3배가 되도록 점 ㄹ과 점 ㅁ을 각각 찍어 삼각형 ㄱㄹㅁ을 만들었습니다. 삼각형 ㄷㄹㅁ의 넓이는 삼각형 ㄱㄴㄷ의 넓이의 몇 배입니까?

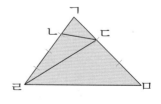

❖ **마름모**

• 네 변의 길이가 모두 같습니다.
• 두 대각선은 서로 수직입니다.
• 한 대각선은 다른 대각선을 이등분합니다.

❖ **마름모의 넓이**

(마름모 ㄱㄴㄷㄹ의 넓이)
＝(직사각형 ㅁㅂㅅㅇ의 넓이)÷2
＝(가로)×(세로)÷2
＝(한 대각선)×(다른 대각선)÷2

Jump도우미

1 마름모의 넓이는 몇 cm²입니까?

(1)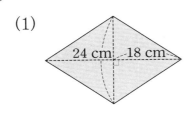

(2)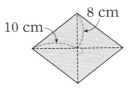

2 오른쪽 마름모의 넓이는 342 cm²입니다. ㉠은 몇 cm입니까?

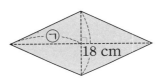

3 오른쪽 그림과 같이 마름모의 각 변의 가운데 점을 이어 직사각형을 만들었습니다. 색칠한 부분의 넓이가 9 m²일 때, 마름모의 넓이는 몇 m²입니까?

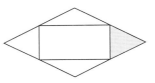

4 오른쪽 도형에서 사각형 ㄱㄴㄷㄹ과 사각형 ㄱㅁㄷㅂ은 마름모입니다. 색칠한 부분의 넓이는 몇 cm²입니까?

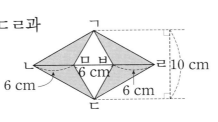

핵심 응용   오른쪽 도형에서 마름모 ㄱㄴㄷㄹ의 넓이가 색칠한 부분의 넓이보다 338 cm² 더 넓다고 할 때, 선분 ㄹㅂ 의 길이는 몇 cm입니까?

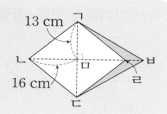

생각 열기   먼저 마름모 ㄱㄴㄷㄹ의 넓이를 구합니다.

풀이   (마름모 ㄱㄴㄷㄹ의 넓이)=(선분 ☐)×(선분 ☐)÷2

$= (\boxed{} \times 2) \times (\boxed{} \times 2) \div \boxed{} = \boxed{}$ (cm²)입니다.

색칠한 부분의 넓이가 ☐ −338= ☐ (cm²)이므로

(삼각형 ㄱㄹㅂ의 넓이)=(삼각형 ㄹㄷㅂ의 넓이)= ☐ ÷2= ☐ (cm²)

입니다. 따라서 (선분 ㄹㅂ)×13÷2= ☐ (cm²)이므로

선분 ㄹㅂ의 길이는 ☐ × ☐ ÷ ☐ = ☐ (cm)입니다.

답 _____

 1   오른쪽 그림과 같이 마름모와 원이 겹쳐져 있습니다. 겹쳐진 부분의 넓이는 64 cm²이고, 마름모의 넓이의 $\frac{4}{11}$입니다. 대각선 ㄴㄹ의 길이가 22 cm라면 대각선 ㄱㄷ의 길이는 몇 cm입니까?

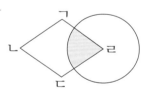

 2   오른쪽 그림과 같이 똑같은 마름모 2개를 겹쳐 놓았습니다. 색칠한 부분의 넓이는 몇 cm²입니까?

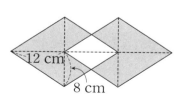

❖ **사다리꼴의 윗변, 아랫변, 높이**

사다리꼴에서 평행한 두 변을 밑변이라 하고, 밑변을 위치에 따라 윗변, 아랫변이라고 합니다. 그리고 두 밑변 사이의 거리를 높이라고 합니다.

❖ **사다리꼴의 넓이**

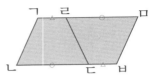

(사다리꼴 ㄱㄴㄷㄹ의 넓이)
＝(평행사변형 ㄱㄴㅂㅁ의 넓이)÷2
＝(밑변)×(높이)÷2
＝{(윗변)＋(아랫변)}×(높이)÷2

Jump도우미

1 사다리꼴의 넓이는 몇 cm²입니까?

(1)
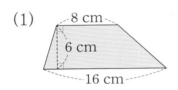

(2)
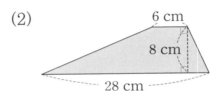

2 오른쪽 사다리꼴의 넓이는 420 m²입니다. ㉠은 몇 m입니까?

3 오른쪽 도형에서 색칠한 부분의 넓이는 몇 cm²입니까?

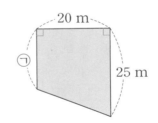

사다리꼴의 넓이는 삼각형 2개의 넓이의 합과 같습니다.

4 ☐ 안에 알맞은 수를 써넣으시오.

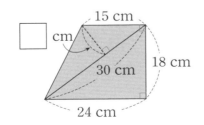

넓이 : ☐ cm²

핵심 응용   오른쪽 그림에서 삼각형 ㄱㄴㄷ과 사다리꼴 ㄱㄹㅁㅂ 의 넓이가 같고 선분 ㄴㄷ의 길이가 59 cm일 때, 선 분 ㄱㅂ의 길이는 몇 cm입니까?

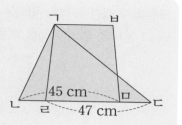

생각 열기   먼저 선분 ㄹㅁ의 길이를 구해 봅니다.

풀이   (선분 ㄹㅁ의 길이)＝(선분 ㄴㅁ)＋(선분 ☐)－(선분 ☐)

$$=☐＋☐－☐＝☐ \text{(cm)}$$

삼각형 ㄱㄴㄷ과 사다리꼴 ㄱㄹㅁㅂ은 넓이와 ☐ 가 각각 같으므로

(선분 ㄴㄷ)×(높이)÷2＝{(선분 ㄱㅂ)＋(선분 ☐)}×(높이)÷2이고

(선분 ㄴㄷ)＝(선분 ㄱㅂ)＋(선분 ☐)입니다.

따라서 선분 ㄱㅂ의 길이는 ☐ － ☐ ＝ ☐ (cm)입니다.

답 _____

확인 1   오른쪽 사다리꼴의 넓이는 몇 cm²입니까?

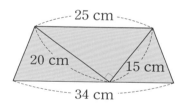

확인 2   오른쪽 사다리꼴 ㄱㄴㄷㄹ에서 ㉮의 넓이 는 ㉯의 넓이의 2배입니다. ☐ 안에 알맞 은 수를 써넣으시오.

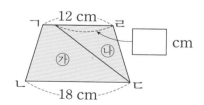

모양이 복잡한 도형의 넓이는 삼각형, 직사각형, 정사각형, 평행사변형, 마름모, 사다리꼴 등으로 나누어 그 넓이의 합이나 차를 이용하여 구합니다.

➡ (삼각형의 넓이)＋(삼각형의 넓이))로 구합니다.

➡ (삼각형의 넓이)＋(사다리꼴의 넓이)로 구합니다.

Jump도우미

1 도형의 넓이를 구하시오.

(1)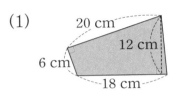

(2)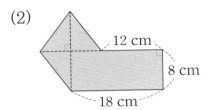

★ 여러 가지 도형으로 나누어 넓이를 구합니다.

2 오른쪽 도형에서 색칠한 부분의 넓이는 몇 cm²입니까?

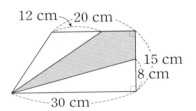

3 오른쪽 도형에서 색칠한 부분의 넓이는 몇 m²입니까?

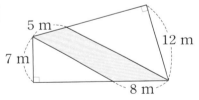

★ 보조선을 그어 봅니다.

4 오른쪽 그림과 같이 한 변의 길이가 18 cm인 이등변삼각형 ㄱㄴㄷ과 한 변의 길이가 12 cm인 이등변삼각형 ㅁㄴㄹ을 겹쳐 놓았습니다. 겹쳐진 부분의 넓이는 몇 cm²입니까?

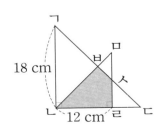

Jump② 핵심응용하기

 핵심 응용

사각형 ㄱㅁㄷㄹ의 넓이는 삼각형 ㄱㄴㅁ의 넓이보다 24 cm² 더 넓습니다. 선분 ㄴㅁ의 길이는 몇 cm입니까?

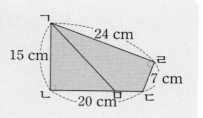

생각 열기 먼저 선분 ㄱㄷ을 그어 봅니다.

풀이 선분 ㄱㄷ을 그으면 삼각형 ㄱㄴㄷ의 넓이가

$\boxed{} \times \boxed{} \div 2 = \boxed{}$ (cm²)이고,

삼각형 ㄱㄷㄹ의 넓이가 $\boxed{} \times \boxed{} \div 2 = \boxed{}$ (cm²)이므로

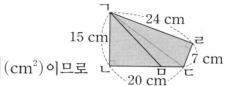

사각형 ㄱㄴㄷㄹ의 넓이는 $\boxed{} + \boxed{} = \boxed{}$ (cm²)입니다.

사각형 ㄱㅁㄷㄹ의 넓이가 삼각형 ㄱㄴㅁ의 넓이보다 24 cm² 더 넓으므로

삼각형 ㄱㄴㅁ의 넓이는 ($\boxed{}$ −24)÷2= $\boxed{}$ (cm²)입니다.

따라서 선분 ㄴㅁ의 길이는 $\boxed{} \times 2 \div \boxed{} = \boxed{}$ (cm)입니다.

 답 _____

 1 오른쪽 도형은 크기가 다른 평행사변형 4개로 이루어져 있습니다. 색칠한 부분의 넓이는 몇 cm²입니까?

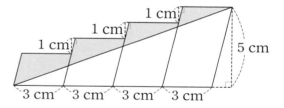

 2 오른쪽 도형에서 사각형 ㄱㄴㄷㄹ은 직사각형이고, 사각형 ㅁㄴㄷㅂ은 평행사변형입니다. 사다리꼴 ㅁㅅㄷㅂ의 넓이가 64 cm² 이면 선분 ㄹㅅ의 길이는 몇 cm입니까?

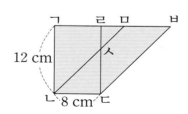

1 오른쪽 도형의 둘레는 몇 cm입니까?

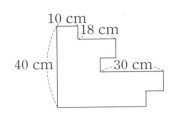

10 cm
18 cm
40 cm
30 cm

2 오른쪽 그림과 같이 넓이가 324 m²인 정사각형을 모양과 크기가 같은 직사각형으로 나누었습니다. 색칠한 부분의 둘레는 몇 m입니까?

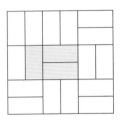

3 오른쪽 그림은 한 변이 50 cm인 정사각형 2개를 겹쳐 놓은 것입니다. 도형 전체의 넓이가 4100 cm²이고, 색칠한 부분이 정사각형일 때, 색칠한 부분의 둘레는 몇 cm입니까?

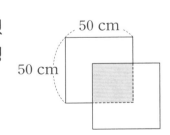

50 cm
50 cm

4 오른쪽 그림과 같은 가로 45 cm, 세로 29 cm인 직사각형 모양의 종이를 점선을 따라 잘라 내어 20개의 직사각형을 만들었습니다. 20개의 직사각형의 둘레의 합은 몇 cm입니까?

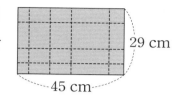

29 cm
45 cm

5 오른쪽 사각형 ㄱㄴㄷㄹ은 정사각형입니다. 선분 ㅁㄴ, ㄴㅂ, ㄹㅅ, ㅇㄹ의 길이가 모두 같을 때, 색칠한 부분의 넓이는 몇 cm²입니까?

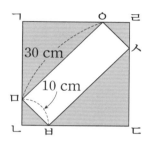

30 cm
10 cm

6 오른쪽 사다리꼴 ㄱㄴㄷㄹ에서 사각형 ㄱㅂㄷㄹ은 평행사변형입니다. 색칠한 도형의 넓이가 27.5 cm²일 때, 선분 ㅅㅁ의 길이는 몇 cm입니까?

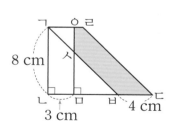

8 cm
ㅅ
3 cm
4 cm

7 오른쪽 그림에서 직사각형 ㉮, ㉯, ㉰의 넓이가 차례로 24 cm², 18 cm², 15 cm²일 때, 색칠한 부분의 넓이는 몇 cm²입니까?

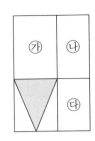

8 오른쪽 그림에서 사각형 ㄱㄴㅁㄹ과 사각형 ㄱㅂㄷㄹ은 모양과 크기가 같은 평행사변형입니다. 평행사변형 ㄱㄴㅁㄹ의 넓이가 234 cm²일 때, 사다리꼴 ㄱㄴㄷㄹ의 넓이는 몇 cm²입니까?

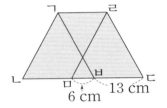

9 오른쪽 그림은 직사각형 ㄱㄴㄷㄹ의 대각선 ㄹㄴ 위의 점에서 변 ㄱㄴ과 변 ㄱㄹ에 평행한 선을 그어 2개의 직사각형과 4개의 직각삼각형으로 나눈 것입니다. 직사각형 ㉮의 넓이가 120 cm²일 때, 직사각형 ㄱㄴㄷㄹ의 둘레는 몇 cm입니까?

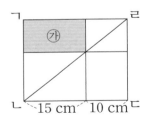

10 정사각형 모양의 색종이를 오른쪽 그림과 같이 5조각으로
잘랐습니다. 이때 만들어진 작은 정사각형의 넓이는 몇
cm²입니까?

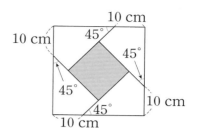

11 오른쪽 직사각형 ㄱㄴㄷㄹ에서 ㉮의 넓이는 ㉯의 넓이의
몇 배입니까?

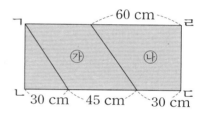

12 한 정사각형의 가로와 세로를 각각 5 cm씩 늘였더니 넓이가 155 cm² 더 넓어졌습니
다. 처음 정사각형의 한 변의 길이는 몇 cm입니까?

13 사다리꼴 ㄱㄴㄷㄹ에서 변 ㄱㄴ에 평행한 선분 ㅁㅂ를 그어 넓이를 이등분하려고 합니다. 선분 ㄱㅁ의 길이는 몇 m입니까?

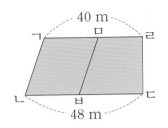

14 평행사변형 ㄱㄴㄷㄹ의 넓이가 750 cm²이면 색칠한 부분의 넓이는 몇 cm²입니까?

15 〈그림 1〉의 삼각형 ㄱㄴㄷ은 두 변의 길이가 같은 직각삼각형이고, 〈그림 2〉는 〈그림 1〉을 선분 ㅁㅂ으로 접은 것을 나타낸 것입니다. 〈그림 2〉에서 삼각형 ㄹㄴㄷ과 사각형 ㄹㄷㅂㅁ의 넓이의 차는 몇 cm²입니까?

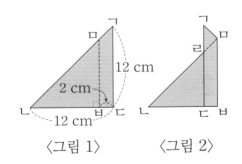

〈그림 1〉   〈그림 2〉

16 넓이가 259200 cm²인 직사각형 모양의 밭에 그림 가와 같이 폭이 50 cm인 길을 내면 밭의 넓이가 207700 cm²가 됩니다. 같은 넓이의 논에 그림 나와 같이 폭이 50 cm인 길을 내면 길의 넓이는 몇 m²가 되겠습니까?

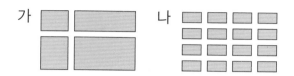

17 오른쪽 그림에서 사각형 ㄱㄴㄷㄹ은 정사각형입니다. 선분 ㄱㅂ의 길이는 몇 cm입니까?

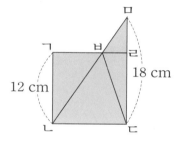

18 그림과 같이 직사각형과 삼각형을 겹쳐 놓았습니다. 겹쳐진 부분이 삼각형 넓이의 $\frac{1}{6}$ 이면 직사각형의 넓이는 몇 cm²입니까?

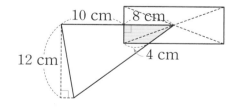

Jump **4** 왕중왕문제

1 오른쪽 그림과 같이 크기가 다른 정사각형을 붙여 놓았습니다. 가장 큰 정사각형의 한 변의 길이가 72 cm일 때, 도형의 둘레는 몇 cm입니까?

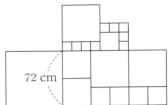

72 cm

2 오른쪽 도형의 둘레는 몇 cm입니까?

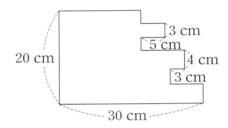

3 cm
5 cm
4 cm
3 cm
20 cm
30 cm

3 오른쪽 도형의 둘레는 몇 m입니까?

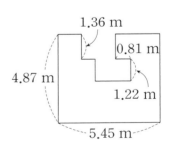

1.36 m
0.81 m
4.87 m
1.22 m
5.45 m

4 오른쪽 그림에서 선분 ㄱㄴ이 도형의 넓이를 이등분할 때, 색칠한 부분의 넓이는 몇 cm²입니까?

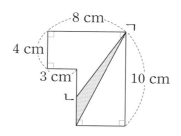

5 다음과 같은 규칙으로 색칠한 마름모를 그려 나갑니다. ▢번째에 색칠한 마름모가 400개일 때, 색칠한 마름모 400개의 넓이의 합은 몇 cm²입니까?

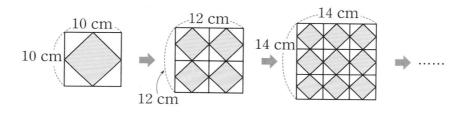

6 오른쪽 그림과 같이 직사각형 ㄱㄴㄷㄹ이 있습니다. 선분 ㅂㄷ의 길이는 선분 ㄱㅁ의 길이의 2배이고 삼각형 ㄹㅂㄷ의 넓이는 삼각형 ㄱㅁㄹ의 넓이보다 60 cm² 더 넓을 때, 선분 ㅂㄷ의 길이는 몇 cm입니까?

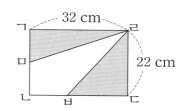

7 오른쪽 그림에서 점 ㅁ, 점 ㅂ, 점 ㅅ은 정사각형 ㄱㄴㄷㄹ의 각 변의 가운데 점입니다. 도형 ㉮의 넓이가 180 m²일 때, 변 ㄱㄴ의 길이는 몇 m입니까?

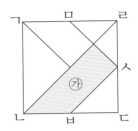

8 오른쪽 그림은 크기가 같은 정사각형 5개로 만든 도형입니다. 선분 ㄱㄴ의 길이가 7 cm일 때, 도형의 넓이는 몇 cm²입니까?

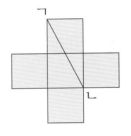

9 오른쪽 그림과 같이 점 ㅇ이 점 ㄱ을 출발하여 직사각형 ㄱㄴㄷㄹ의 둘레를 화살표 방향으로 1분에 14 cm씩 움직입니다. 선분 ㅇㄴ이 지나간 부분의 넓이가 직사각형 ㄱㄴㄷㄹ의 넓이의 $\frac{3}{4}$이 되는 때는 점 ㅇ이 점 ㄱ을 출발한 지 몇 분 후입니까?

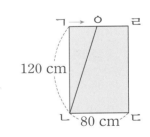

10 오른쪽 그림은 한 변의 길이가 10 cm인 정사각형 ㄱㄴㄷㄹ을 점 ㄴ를 중심으로 45° 회전한 것입니다. 색칠한 부분의 넓이가 57 cm²이면 사다리꼴 ㅁㅈㄷㅂ의 넓이는 몇 cm²입니까?

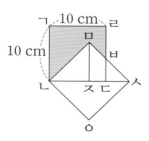

11 그림 ㉮는 한 변이 24 cm인 정사각형을 3조각으로 나눈 것이고, 그림 ㉯는 그림 ㉮의 3조각을 위치를 바꾸어 늘어놓아 직사각형을 만든 것입니다. 색칠한 부분의 넓이는 몇 cm²입니까?

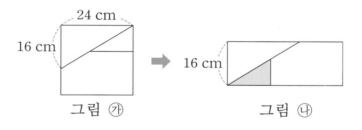

12 오른쪽 그림에 대한 설명입니다. 색칠한 부분의 넓이는 몇 cm²입니까?

- ①의 넓이는 ②의 넓이의 $\frac{1}{4}$입니다.
- ①과 ③의 넓이가 같습니다.
- 선분 ㅇㅈ, 선분 ㅅㅂ의 길이는 각각 선분 ㄱㄴ의 길이의 2배, 4배입니다.

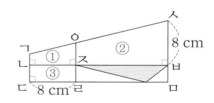

13 오른쪽 그림에서 삼각형 ㄱㄹㄷ의 넓이와 삼각형 ㄹㄴㅁ의 넓이가 같습니다. 이때 삼각형 ㄱㅁㄷ의 넓이는 몇 cm²입니까?

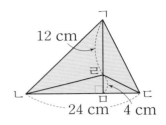

14 오른쪽 직사각형 ㄱㄴㄷㄹ에서 점 ㅁ과 점 ㅂ은 각각 변 ㄱㄴ과 변 ㄷㄹ의 가운데 점이고, 선분 ㅅㄹ의 길이는 선분 ㅁㅅ의 길이의 2배입니다. 삼각형 ㅅㅁㅇ의 넓이가 45 cm²일 때, 삼각형 ㄹㅅㄷ의 넓이는 몇 cm²입니까?

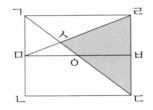

15 오른쪽 사다리꼴 ㄱㄴㄷㄹ의 넓이는 몇 cm²입니까?

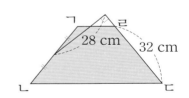

16 오른쪽 그림의 정사각형 ㄱㄴㄷㄹ에서 변 ㄴㄱ과 변 ㄱㄹ 을 늘여서 점 ㅅ, 점 ㅇ을 잡아 선분 ㅅㅇ을 그린 후 선분 ㄴㄹ을 연장하여 선분 ㅅㅇ과 만나는 점을 ㅈ이라 할 때, 삼각형 ㄴㅈㅅ과 삼각형 ㅇㅈㄹ의 넓이의 합은 몇 cm² 입니까?

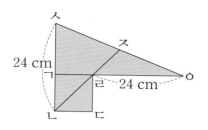

17 다음 그림은 정육각형 안에 마름모를 그린 것입니다. 색칠한 부분의 넓이가 28 cm²일 때, 마름모 ㅂㅅㄷㅇ의 넓이는 몇 cm²입니까?

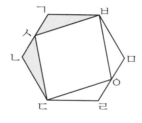

18 다음 그림과 같이 한 변의 길이가 42 cm인 정사각형의 내부의 한 점에서 각 변의 삼 등분 점을 각각 이어 4개의 사각형과 4개의 삼각형을 만들었습니다. 네 사각형의 넓이 의 합은 몇 cm²입니까?

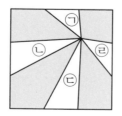

1 일정한 규칙에 따라 정사각형이 늘어나고 있는 그림입니다. 색칠된 정사각형의 넓이가 1 cm²일 때, ⑦번 정사각형과 ⑪번 정사각형의 넓이의 차를 구하시오.

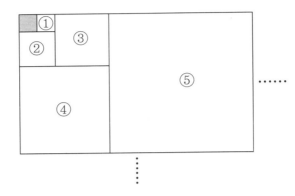

2 다음과 같이 크기가 같은 사다리꼴 ㉠와 ㉡가 있습니다. 사다리꼴 ㉠는 움직이지 않고, 사다리꼴 ㉡는 화살표 방향으로 매초 4 cm의 속력으로 미끄러져 나아갑니다. 겹치는 부분의 넓이가 64 cm²가 되는 때는 출발한 지 몇 초 후인지 모두 구하시오.

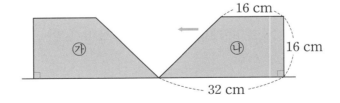

MEMO

MEMO

초등
왕수학

점프왕

최상위 5%
도약을 위한

수학

최상위

5·1

정답과
풀이

(주)에듀왕
www.eduwang.com

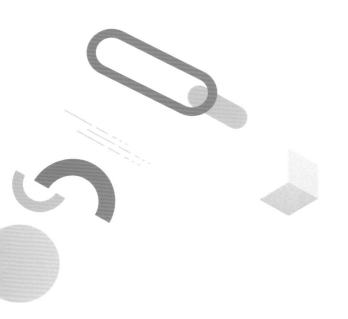

정답과 풀이

1 자연수의 혼합 계산

 Jump ① 핵심알기

쪽

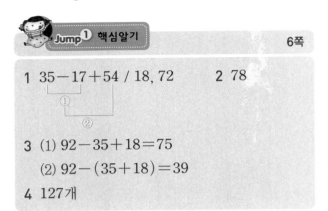

2 ㉠ $67-28+15=39+15=54$
  ㉡ $67-(28+15)=67-43=24$
  ➡ ㉠$+$㉡$=54+24=78$

3 (1) $92-35+18=57+18=75$

  (2) $92-(35+18)=92-53=39$

4 (가영이가 가지고 있던 구슬 수)$=68+95$
$=163$(개)
$68+95-36=163-36=127$(개)

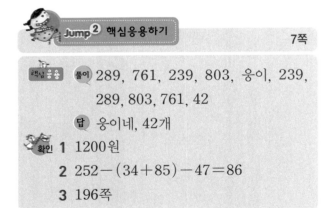 **Jump ② 핵심응용하기**

7쪽

핵심응용 풀이 289, 761, 239, 803, 웅이, 239,
    289, 803, 761, 42
  답 웅이네, 42개
확인 1 1200원
  2 $252-(34+85)-47=86$
  3 196쪽

1 필통을 사고 남은 돈과 공책을 사고 남은 돈의
합을 구합니다.
$(1500-850)+(1250-700)=650+550$
$=1200$(원)

2 $(252-34)+85-47=256$ (×)
$252-(34+85)-47=86$ (○)
$252-34+(85-47)=256$ (×)
$(252-34+85)-47=256$ (×)
$252-(34+85-47)=180$ (×)

3 (예슬이가 더 읽어야 하는 위인전의 쪽수)
$=154-49=105$(쪽)
(동민이가 더 읽어야 하는 위인전의 쪽수)
$=183-136=47$(쪽)
(신영이가 더 읽어야 하는 위인전의 쪽수)
$=142-98=44$(쪽)
따라서 예슬, 동민, 신영이가 위인전을 다 읽으
려면 모두
$(154-49)+(183-136)+(142-98)$
$=105+47+44=196$(쪽)
을 더 읽어야 합니다.

 Jump ① 핵심알기

8쪽

1 $7\times8\div14=4$
2 (1) $54\div9\times3=18$ (2) $54\div(9\times3)=2$
3 ㉣, ㉡, ㉢, ㉠   **4** 15마리

1 $7\times8=\boxed{56}$  ➡ $7\times8\div14=4$
  $\boxed{56}\div14=4$

2 (1) $54\div9\times3=6\times3=18$

  (2) $54\div(9\times3)=54\div27=2$

3 ㉠ $16\times8\div32=128\div32=4$
  ㉡ $120\div20\times5=6\times5=30$
  ㉢ $165\div(5\times3)=165\div15=11$
  ㉣ $13\times(56\div7)=13\times8=104$

4 (오징어 3묶음의 수)$=20\times3=60$(마리)
따라서 1명에게 $20\times3\div4=60\div4=15$(마리)
씩 나누어 주어야 합니다.

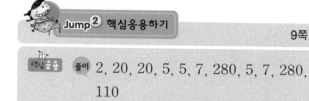

Jump② 핵심응용하기

9쪽

핵심응용 **풀이** 2, 20, 20, 5, 5, 7, 280, 5, 7, 280,
110

답 110명

확인 1 2개   2 2030 kg
3 9620원

1 1봉지에 20개씩 3봉지에 들어 있는 햄버거는
$20 \times 3 = 60$(개)이고 한초네 반 학생은 5명씩
6모둠이므로 $5 \times 6 = 30$(명)입니다.
따라서 햄버거를 1명에게
$(20 \times 3) \div (5 \times 6) = 60 \div 30 = 2$(개)씩 나누
어 주어야 합니다.

2 석기네 비닐하우스에서는 하루에
$174 \div 3 = 58$(kg)의 상추를 생산하고 5주일은
$5 \times 7 = 35$(일)입니다.
따라서 5주일 동안 생산한 상추는
$(174 \div 3) \times (5 \times 7) = 58 \times 35 = 2030$(kg)
입니다.

3 (색연필 6자루의 값)$= 2250 \div 3 \times 6$
$= 750 \times 6 = 4500$(원)
(연필 16자루의 값)$= 1280 \div 4 \times 16$
$= 320 \times 16 = 5120$(원)
따라서 색연필 6자루와 연필 16자루를 사는 데
필요한 돈은 $2250 \div 3 \times 6 + 1280 \div 4 \times 16$
$= 9620$(원)입니다.

Jump① 핵심알기

10쪽

1 $32 + 48 - 13 \times 4$ / 48, 52, 80, 52, 28

2 (1) $60 - (12 + 5) \times 2 = 26$
(2) $19 - 6 + 7 \times 4 = 41$

3 19   **4** 28명

2 (1) $60 - (12 + 5) \times 2 = 60 - 17 \times 2$
$= 60 - 34 = 26$
(2) $19 - 6 + 7 \times 4 = 13 + 28 = 41$

3 $52 - (\square + 3 \times 8 - 36) = 45$,
$\square + 24 - 36 = 7$, $\square + 24 = 43$, $\square = 19$

4 한솔이네 반 학생 중에서 피구를 한 학생은
$35 - 11 \times 2 = 35 - 22 = 13$(명)입니다.
➡ $35 - 11 \times 2 + 15 = 13 + 15 = 28$(명)

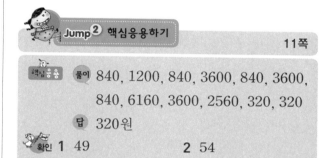

Jump② 핵심응용하기

11쪽

핵심응용 **풀이** 840, 1200, 840, 3600, 840, 3600,
840, 6160, 3600, 2560, 320, 320

답 320원

확인 1 49   2 54
3 39세

1 $7 ◎ 9 = 7 \times (9 - 5) - 15$
$= 7 \times 4 - 15$
$= 28 - 15$
$= 13$
$8 ◎ (7 ◎ 9) = 8 ◎ 13$
$= 8 \times (13 - 5) - 15$
$= 8 \times 8 - 15$
$= 64 - 15$
$= 49$

2 어떤 수를 $\square$라 하면
$(\square \div 9 + 150) - 7 \times 5 = 121$입니다.
➡ $\square = \{121 + (7 \times 5) - 150\} \times 9$, $\square = 54$

3 웅이의 나이를 $\square$살이라 하면 어머니의 연세는
$(\square \times 3 + 3)$세입니다.
$(\square \times 3 + 3) + \square = 51$, $\square \times 3 + \square = 48$,
$\square \times 4 = 48$, $\square = 12$
따라서 어머니의 연세는
$12 \times 3 + 3 = 36 + 3 = 39$(세)입니다.

Jump ① 핵심알기 12쪽

1 $6+42\div7-11$ / 6, 12, 1

2 (1) $(27+18)\div5-3=6$
　 (2) $32-48\div(4+2)=24$
3 $-$, $\div$, $+$　　　　4 900원

2 (1) $(27+18)\div5-3=45\div5-3$
　　　　　　　　　　$=9-3=6$

　 (2) $32-48\div(4+2)=32-48\div6$
　　　　　　　　　　　$=32-8=24$

3 $14-10\div5+1=14-2+1$
　　　　　　　　$=12+1=13$

4 (고구마 1 kg의 값)$=9600\div4=2400$(원)
　$9600\div4+3500-5000$
　$=2400+3500-5000$
　$=5900-5000=900$(원)

3 (과학을 좋아하는 학생 수)$=(28-6)\div2$
　　　　　　　　　　　　　$=11$(명)

따라서 한별이네 학교 5학년 학생은 모두
$(28-6)\div2+28=11+28=39$(명)입니다.

Jump ① 핵심알기 14쪽

1 $(170-8)\div(36\div2+36)+16=19$
2 (1) $(46-24)\times7+28\div4=161$
　 (2) $50+3\times8-35\div5=67$
3 6　　　　　　　　　　　4 190원

2 (1) $(46-24)\times7+28\div4=22\times7+7$
　　　　　　　　　　　　$=154+7=161$

　 (2) $50+3\times8-35\div5=50+24-7=67$

3 (준식) ➡ $6+(\square\times3-5)=21-2=19$,
　　　　　　$\square\times3-5=19-6=13$,
　　　　　　$\square\times3=13+5=18$,
　　　　　　$\square=18\div3=6$

4 $380\times2+1550\div5\times3-1500$
　$=760+310\times3-1500$
　$=1690-1500=190$(원)

Jump ② 핵심응용하기 13쪽

풀이 125, 321, 586, 586, 441, 125,
　　　321, 441, 63

답 63쪽

확인 1 238번　　　2 800원
　　　3 39명

1 (웅이가 하루에 넘은 횟수)$=726\div6=121$(번)
　(효근이가 하루에 넘은 횟수)$=1053\div9$
　　　　　　　　　　　　　　$=117$(번)
　➡ $726\div6+1053\div9=121+117=238$(번)

2 $(2700+300)\div2-700$
　$=3000\div2-700=1500-700=800$(원)

Jump ② 핵심응용하기 15쪽

풀이 1250, 3750, 3750, 4800, 1250,
　　　4800, 1200

답 1200원

확인 1 20명　　　2 6명
　　　3 216 g

1 (지혜가 가지고 있는 구슬 수)
　$=(23+35)\times3-14=58\times3-14$
　$=174-14=160$(개)
　➡ $\{(23+35)\times3-14\}\div8=160\div8$
　　　　　　　　　　　　　$=20$(명)

4 수학 5-1

2 가영이네 반 학생은 모두 $(5+7)\times2=24$(명)이고 복도 청소는 $8-6=2$(모둠)이 합니다.
➡ $(5+7)\times2\div8\times(8-6)$
$=24\div8\times(8-6)=3\times2=6$(명)

3 케이크 1조각의 무게는 $(1734-1182)\div4$
$=552\div4=138$(g)입니다.
➡ $1182-(1734-1182)\div4\times7$
$=1182-138\times7$
$=1182-966=216$(g)

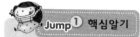

Jump 1 핵심알기   16쪽

1 (1) 13개 (2) 51개   2 25개
3 64개

1 (1) $10+3=13$(개)
(2) $1+4+7+10+13+16=17\times3$
$=51$(개)

2 삼각형이 1개씩 늘어날 때마다 면봉의 수는 2개씩 많아집니다.
➡ $3+2\times11=25$(개)

3 앞의 그림보다 쌓기나무가 3, 5, ……개씩 많아지는 규칙입니다.
➡ $1+3+5+7+9+11+13+15=16\times4$
$=64$(개)

Jump 2 핵심응용하기   17쪽

핵심응용 풀이 5, 5, 7, 9, 11, 13, 15, 1, 15, 8,
64, 4, 4, 5, 6, 7, 8, 9, 3, 9, 7, 45,
64, 45, 19

답 19개

확인 1 87개   2 8개

1 앞의 유리컵 수보다 뒤의 유리컵 수가 3개씩 많아지는 규칙입니다. 따라서 6번째까지 유리컵을 놓으려면 유리컵은 모두
$7+10+13+16+19+22=(7+22)\times3$
$=87$(개)
필요합니다.

2 8번째에 놓일 바둑돌은
$1+3+5+7+9+11+13+15$
$=(1+15)\times8\div2=64$(개)입니다.
64개의 바둑돌 중에서 흰색 바둑돌은
$1+5+9+13=28$(개),
검은색 바둑돌의 수는
$3+7+11+15=36$(개)입니다.
따라서 검은색 바둑돌은 흰색 바둑돌보다
$36-28=8$(개) 더 많습니다.

Jump 3 왕문제   18~23쪽

1	13개	2	7배
3	33750원	4	1693가구
5	10 cm	6	187500원
7	3500원	8	24
9	12	10	81개
11	490원		
12	$410-(550-410)\div5\times12=74$, 74 g		
13	90개	14	55봉지
15	3개	16	5분 후
17	5명	18	234

1 $24+\square\times5<8\times12-15\div3$에서
$8\times12-15\div3=96-5=91$이므로
$24+\square\times5<91$입니다.
$24+\square\times5=91$이라고 하면 $\square\times5=67$이므로 $\square\times5<67$입니다.
$\square\times5<67$에서 $\square$ 안에 들어갈 수 있는 자연수는 1, 2, 3, 4, ……, 13이므로 모두 13개입니다.

2 남은 귤의 수 : $25 \times 24 - 40$,
사과의 수 : 16×5
(남은 귤의 수)÷(사과의 수)
➡ $(25 \times 24 - 40) \div (16 \times 5) = 560 \div 80$
$\qquad\qquad\qquad\qquad\qquad = 7$(배)

3 보트 5척을 빌려 타는 데 1분에
$4500 \div 10 \times 5 = 450 \times 5 = 2250$(원)을 내야
합니다.
따라서 2시간 30분=150분이므로 한 사람이
$4500 \div 10 \times 5 \times 150 \div 10 = 2250 \times 150 \div 10$
$= 33750$(원)씩 내야 합니다.

4 (아파트 단지에 살 수 있는 전체 가구 수)
$= (10 \times 5 + 12 \times 3 + 15 \times 7) \times 9$
$= 191 \times 9 = 1719$(가구)
따라서 현재 이 아파트 단지에 살고 있는 가구
수는
$(10 \times 5 + 12 \times 3 + 15 \times 7) \times 9 - (7 + 13 + 6)$
$= 1719 - 26 = 1693$(가구)입니다.

5 12 m$=1200$ cm이므로
그림 26장의 가로 길이 : $35 \times 26 = 910$(cm)
벽의 양쪽 끝 길이 : $20 + 20 = 40$(cm)
그림 26장 사이의 간격 수 : $26 - 1 = 25$(군데)
(그림과 그림 사이의 간격)={(벽의 길이)-(그림
의 길이의 합)-(벽의 양쪽 끝 길이)}÷(간격 수)
➡ $(1200 - 910 - 40) \div 25$
$\quad = (1200 - 910 - 40) \div 25$
$\quad = 250 \div 25 = 10$(cm)

6 350 m$=35000$ cm이므로 필요한 장미꽃은
$35000 \div 140 = 250$(송이)입니다.
따라서 장미꽃은 1송이에 $3000 \div 4 = 750$(원)
이므로 장미꽃의 값은
$35000 \div 140 \times (3000 \div 4)$
$= 250 \times 750 = 187500$(원)이 들었습니다.

7 참외를 사고 남은 돈은
$10000 - 1500 \times 5 = 10000 - 7500$
$\qquad\qquad\qquad\qquad = 2500$(원)
이고 동화책을 사는 데 쓴 돈은
$3000 \times 2 = 6000$(원)입니다.
따라서 아버지께서 주신 돈은
$3000 \times 2 - (10000 - 1500 \times 5)$
$= 6000 - 2500 = 3500$(원)입니다.

8 어떤 수를 □라 하면 $□ \div 4 \times 7 = 98$,
$□ \div 4 = 14$, $□ = 56$입니다.
따라서 바르게 계산하면
$56 \div (4 \times 7) \times 12 = 56 \div 28 \times 12$
$\qquad\qquad\qquad\qquad = 2 \times 12 = 24$
입니다.

9 $15 \times (15 + 5) \times □ = 3600$,
$300 \times □ = 3600$, $□ = 12$

10 처음에 정육각형과 정사각형을 1개씩 만들기 위
해서는 9개의 면봉이 있어야 하고 다음부터는 8
개씩 증가합니다.
➡ $9 + 8 \times 9 = 81$(개)

11 (문구점에서 색연필 1자루의 값)
$= 8400 \div 12 = 700$(원)
도매점에서 파는 색연필은 문구점에서 파는 것
보다 1자루에 $63000 \div 25 \div 12 = 210$(원)이 쌉
니다.
따라서 도매점에서 파는 색연필은 1자루에
$(8400 \div 12) - (63000 \div 25 \div 12) = 490$(원)
입니다.

12 구슬 5개의 무게 : $550 - 410 = 140$(g),
구슬 1개의 무게 : $140 \div 5 = 28$(g),
구슬 12개의 무게 : $28 \times 12 = 336$(g)
주머니만의 무게 : $410 - 336 = 74$(g)
하나의 식으로 만들기 :
$410 -$ (구슬 12개의 무게)$=$(주머니의 무게)
➡ $410 - (550 - 410) \div 5 \times 12 = 74$

13 정육각형 모양으로 둘러싸이므로 사용한 주황색
구슬은 모두
$(1 + 2 + 3 + 4 + 5) \times 6 = 90$(개)입니다.

14 (사탕 1개를 사오는 데 드는 비용)$= 750 \div 5$
$\qquad\qquad\qquad\qquad\qquad\qquad = 150$(원)
(사탕 1개를 파는 값)$= 600 \div 3 = 200$(원)
(사탕 1개를 팔 때 얻는 이익)
$= 200 - 150 = 50$(원)
따라서 판 사탕의 수를 □개라 하면
$□ \times (600 \div 3 - 750 \div 5) = 8250$,
$□ \times 50 = 8250$, $□ = 165$이므로
판 사탕은 $165 \div 3 = 55$(봉지)입니다.

15 74와 150의 합에서 14를 뺀 수는 어떤 수로 나누어떨어집니다.

$(74+150-14) \div (1+2) = 70$이므로 어떤 수가 될 수 있는 수 중에서 가장 큰 수는 70입니다. 따라서 70을 어떤 수로 나누었을 때 나누어떨어지게 하는 수 1, 2, 5, 7, 10, 14, 35, 70 중에서 조건에 맞는 수는 14, 35, 70입니다.

16 형이 20분 동안 간 거리는

$50 \times 20 = 1000(m)$이고 한별이는 형보다 1분에 $250 - 50 = 200(m)$를 더 갈 수 있습니다. 따라서 한별이는 출발한지

$50 \times 20 \div (250 - 50) = 1000 \div 200 = 5(분)$ 후에 형과 만납니다.

17 달걀을 팔아 생긴 이익금은

$(600-30) \times 150 - 600 \times 100$
$= 570 \times 150 - 60000$
$= 85500 - 60000 = 25500(원)$입니다.

따라서 이익금은 $25500 \div 5100 = 5(명)$이 나누어 가졌습니다.

18 보기 에서 규칙을 알아보면

(무늬의 앞의 수)×(무늬의 뒤의 수−1)의 규칙이 있습니다.

$6 \times (4-1) ♣ 7 \times (3-1)$
$= 18 ♣ 14 = 18 \times (14-1) = 234$

Jump 4 왕중왕문제

24~29쪽

1 150분 후	**2** 494권
3 예) $(7+7) \div 7 - 7 \div 7 = 1$	
4 372	**5** 35장
6 예) $333 + 33 \times 3 - 33 = 399$	
7 17개	**8** 145km 500m
9 883	**10** 18일
11 흰색 바둑돌, 50개	**12** 5개
13 7324	**14** 40개
15 39명	**16** 2 cm
17 풀이 참조	**18** 87

---

1 (트럭이 1분 동안 가는 거리)
$= 72000 \div 60 = 1200(m)$

(고속버스가 1분 동안 가는 거리)
$= 96000 \div 60 = 1600(m)$

(고속버스와 트럭이 달린 거리의 합)
$= 435 - 15 = 420(km)$

➡ $420000 m$

(달린 시간) $= 420000 \div (1600 + 1200)$
$= 150(분)$

2 백 팀 학생 수를 □명이라 하면

$□ \times 8 + 38$과 $□ \times 11 - 133$은 같습니다.

$□ \times 8 + 38 = □ \times 11 - 133$, $□ \times 3 = 171$,
$□ = 57$

따라서 준비한 공책은 모두

$57 \times 8 + 38 = 494(권)$입니다.

별해 38권이 남고 133권이 부족하게 된 까닭은 8권과 11권의 차이 때문입니다.

사람 수 : $(38 + 133) \div (11 - 8)$
$= 171 \div 3 = 57(명)$

준비한 공책 수 : $57 \times 8 + 38 = 494(권)$

3 $1 = 2 - 1$ ➡ $(7+7) \div 7 - 7 \div 7 = 1$

$7 \div 7$
$(7+7) \div 7$

4 $4 + 5 + 6 \times (7 \times 8) = 4 + 5 + 6 \times 56$
$= 4 + 5 + 336 = 345$

$4 + 5 \times 6 \times (7 + 8) = 4 + 5 \times 6 \times 15$
$= 4 + 5 \times 90 = 4 + 450$
$= 454$ ← 결과가 가장 큰 경우

$4 + 5 \times 6 + (7 \times 8) = 4 + 30 + 56 = 90$

$4 \times 5 + 6 \times (7 + 8) = 4 \times 5 + 6 \times 15$
$= 20 + 90 = 110$

$4 \times 5 \times 6 + (7 + 8) = 120 + 15 = 135$

$4 \times 5 + 6 + (7 \times 8) = 4 \times 5 + 6 + 56$
$= 20 + 6 + 56$
$= 82$ ← 결과가 가장 작은 경우

➡ (가장 큰 경우) − (가장 작은 경우)
$= 454 - 82 = 372$

5 (진호) + (민재) + (연우) + (지영) = 148

7   7   4

(진호) + (민재) + (연우) + (지영) = 148

9

민재는 7장을 받고 7장을 주었으므로 색종이 수는 변하지 않았습니다.
(민재의 색종이 수)=148÷4=37(장)
진호는 7장을 주고 9장을 받아 2장이 늘어났고 2장이 늘어난 수가 37장이므로 진호가 처음 가지고 있던 색종이 수는 37−2=35(장)입니다.

6 $399=333+66=333+99-33$

　　　　　　　　　　　└→ 33×3
➡ $333+33\times3-33=399$

7 500원짜리 동전의 수가 전체 동전 수의 $\frac{2}{3}$보다 3개 더 많으므로 나머지 동전의 수는 전체 동전 수의 $\frac{1}{3}$보다 3개 더 적습니다.
따라서 전체 동전 수의 $\frac{1}{3}$은 $3+(5+2)=10$(개)이므로 전체 동전의 수는 30개입니다.
따라서 저금통에 더 넣은 500원짜리 동전은 $30-(6+5+2)=17$(개)입니다.

8 2시간 15분은 $120+15=135$(분)이고 걸어서 간 시간은 $135÷(8+1)=15$(분)이므로 기차를 타고 간 시간은 $135-15=120$(분)입니다.
기차는 20분에 24km를 가므로 10분에 12km, 120분에는 $120÷10\times12=144$(km)를 가고 걸어서 간 시간은 15분이므로
$15\times100=1500$m$=1$km 500m를 갑니다.
따라서 기차역에서 할아버지 댁까지의 거리는 144km$+1$km$+500$m$=145$km 500m 입니다.

9
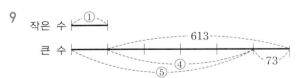
작은 수 : $(613-73)÷(5-1)=135$
큰 수 : $135+613=748$
두 수의 합 : $135+748=883$

10 모두 750원이라 생각하면
$(750\times31-22400)÷(750-700)=17$(일)
입니다.
따라서 700원씩 17일 동안 마셨으므로 우유값이 인상된 날짜는 18일입니다.

11
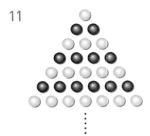
각 줄마다 개수를 세어 보면 흰색 바둑돌은 1개, 3개, 5개, …… 이고, 검은색 바둑돌은 2개, 4개, 6개, …… 입니다.
따라서 맨 아랫줄의 바둑돌이 99개이면 맨 아랫줄은 흰색 바둑돌입니다.
흰색 바둑돌 :
$1+3+5+……+99$
$=(1+99)\times50÷2$
$=2500$(개)
검은색 바둑돌 :
$2+4+6+……+98$
$=(2+98)\times49÷2$
$=2450$(개)
따라서 흰색 바둑돌이 검은색 바둑돌보다 $2500-2450=50$(개) 더 많습니다.

별해 맨 아랫줄의 바둑돌이 99개이면 99줄까지 놓여있습니다.
$1+(3-2)+(5-4)+(7-6)+$
　　　　　　　　$……+(99-98)$
$=1\times50=50$

12 ㉡=200일 때 : $(8+23\times㉠)\times3-25=200$,
$(8+23\times㉠)\times3=225$, $8+23\times㉠=75$,
$23\times㉠=67$
➡ $23\times㉠>67$이므로 ㉠이 될 수 있는 수는 3, 4, 5, …… 입니다.
㉡=500일 때 : $(8+23\times㉠)\times3-25=500$,
$(8+23\times㉠)\times3=525$, $8+23\times㉠=175$,
$23\times㉠=167$
➡ $23\times㉠<167$이므로 ㉠이 될 수 있는 수는 7, 6, 5, …… 입니다.
따라서 ㉠이 될 수 있는 자연수는 3, 4, 5, 6, 7이므로 모두 5개입니다.

13 $7\boxed{가}+13\boxed{나}$는 205와 같거나 크고 211과 같거나 작습니다.

$205 \leq 4\boxed{다} \times (20 \div \boxed{라}) \leq 211$에서
$\boxed{라}$는 4이며, $\boxed{다}$는 2입니다.
$\boxed{가} > \boxed{나}$이므로 $\boxed{가}$는 7, $\boxed{나}$는 3입니다.
따라서 구하고자 하는 네 자리 수는 7324입니다.

14 참석하지 않은 2명에게 주려고 했던 사탕은
$8-2+4=10$(개)입니다.
따라서 영수가 준비한 사탕은
$(8-2+4) \div 2 \times 8 = 40$(개)입니다.

15 20명까지의 입장료는 1200원, 21명에서 30명
까지의 입장료는 $1200-50=1150$(원),
31명부터는 $1150-100=1050$(원)입니다.
$(44950-1200 \times 20-1150 \times 10) \div 1050$
$=9450 \div 1050 = 9$(명)
따라서 용희네 학교 5학년 학생들은 모두
$20+10+9=39$(명)입니다.

16 가 : $60 \div 5 = 12$이므로 5 cm의 폭으로 자르면
12도막이 됩니다. 12도막을 3 cm씩 겹치도록
하여 길게 이으면 겹치는 곳은 11군데이므로 이
은 길이는
$60 \times 12 - 3 \times 11 = 720 - 33 = 687$(cm)
입니다.
나 : $60 \div 6 = 10$이므로 6 cm의 폭으로 자르면
10도막이 됩니다. 10도막을 □ cm씩 겹치도록
하여 길게 이으면 겹치는 곳은 9군데이고 이은
길이는 가가 나보다 105 cm 더 길므로
$687-105=582$(cm)입니다.
따라서 $60 \times 10 - □ \times 9 = 582$이므로
$□ = (60 \times 10 - 582) \div 9 = (600-582) \div 9$
$= 18 \div 9 = 2$
입니다.

17 큰 수 사이에는 $+$ 또는 $\times$를 써넣고, 작은 수
사이에는 $-$ 또는 $\div$를 써넣습니다.
□ 안에 2, 4, 6, 8, 10, $+$, $-$, $\times$, $\div$를 한
번씩 써서 결과가 크게 되는 식을 만들면
$10 \times 8 + 6 - 4 \div 2 = 84$,
$10 \times 6 + 8 - 4 \div 2 = 66$,
$8 \times 6 + 10 - 4 \div 2 = 56$
위의 식에 결과가 크게 나오도록 ( )를 한 번
넣으면

$10 \times (8+6) - 4 \div 2 = 138$,
$10 \times (6+8) - 4 \div 2 = 138$,
$8 \times (6+10) - 4 \div 2 = 126$
따라서 계산 결과가 가장 큰 자연수일 때의 식은
$10 \times (8+6) - 4 \div 2 = 138$ 또는
$10 \times (6+8) - 4 \div 2 = 138$입니다.

18 ★의 규칙 : (앞의 수)×(앞의 수)−(뒤의 수),
◎의 규칙 : (앞의 수)+(앞의 수)−(뒤의 수)
▲의 규칙 : (앞의 수)×(뒤의 수)−1
$7★5 = 7 \times 7 - 5 = 49 - 5 = 44$,
$4◎6 = 4 + 4 - 6 = 2$
➡ $(7★5) ▲ (4◎6) = 44▲2 = 44 \times 2 - 1$
$= 88 - 1 = 87$

Jump 5 영재교육원 입시대비문제   **30쪽**

1	19개		2	20개
3	19개			

1 넣을 수 있는 수와 넣을 수 없는 수를 차례로 알
아보면

	넣을 수 없는 수	넣을 수 있는 수
첫 번째	2	3, 4, 5
두 번째	6, 8, 10	7, 9, 11, 12, 13
세 번째	14, 18, 22, 24, 26	15, 16, 17, 19, 20, 21, 23, 25
네 번째	30	27, 28, 29

따라서 원에 더 넣을 수 있는 수는
$3+5+8+3=19$(개)입니다.

2 넣을 수 있는 수와 넣을 수 없는 수를 차례로 알
아보면

	넣을 수 없는 수	넣을 수 있는 수
첫 번째		30, 29, 28, ……, 17, 16
두 번째	15, 14, 13, 12, 11, 10, 9, 8	7, 6, 5, 4
세 번째	3, 2	1

따라서 원에 넣을 수 있는 수는
15＋4＋1＝20(개)입니다.

3 넣을 수 있는 수와 넣을 수 없는 수를 차례로 알아보면

	넣을 수 없는 수	넣을 수 있는 수
첫 번째	2, 6, 7, 8, 28	1, 5, 9
두 번째	10, 18	11, 12, 13, 15, 16, 17
세 번째	22, 24, 26, 30	19, 20, 23, 25, 27, 29

4＋3＋6＋6＝19(개)

2 약수와 배수

 Jump ① 핵심알기   32쪽

1 36의 약수, 1개
2 2명, 3명, 4명, 6명, 12명
3 4개
4 5, 10, 20, 40, 80
5 1000

1 36의 약수 : 1, 2, 3, 4, 6, 9, 12, 18, 36
          ➡ 9개
   42의 약수 : 1, 2, 3, 6, 7, 14, 21, 42
          ➡ 8개
   따라서 36의 약수가 9－8＝1(개) 더 많습니다.

2 12의 약수를 구합니다. ➡ 1, 2, 3, 4, 6, 12

3 1부터 50까지의 6의 배수 :
   6, 12, 18, 24, 30, 36, 42, 48 ➡ 8개
   1부터 29까지의 6의 배수 :
   6, 12, 18, 24 ➡ 4개
   따라서 30부터 50까지의 자연수 중에서 6의 배수는 8－4＝4(개)입니다.

4 80의 약수는 1, 2, 4, 5, 8, 10, 16, 20, 40, 80입니다. 이 중에서 일의 자리 숫자가 0이거나 5인 수를 찾습니다.
   ➡ 5, 10, 20, 40, 80

5 1000보다 작은 8의 배수 중에서 가장 작은 수는 8이고 가장 큰 수는 1000÷8＝125에서
   124×8＝992이므로 두 수의 합은
   8＋992＝1000입니다.

 Jump ② 핵심응용하기   33쪽

핵심응용 풀이 3, 66, 2, 66, 5, 40, 40, 3, 66, 40, 26

답 3의 배수, 26개

 **확인 1** 9, 21, 63 　　**2** 735
　　　　3 705 　　　　　　**4** 45

1 70−7＝63이므로 63의 약수 중에서 7보다 큰 수를 찾습니다.
따라서 63의 약수는 1, 3, 7, 9, 21, 63이므로 어떤 자연수는 9, 21, 63입니다.

2 1부터 100까지의 7의 배수는
100÷7＝14 … 2에서 14개입니다.
1부터 100까지의 7의 배수 :
7, 14, 21, ……, 84, 91, 98
7　14　21 …… 84　91　98

105
105
105

따라서 7의 배수의 합은 105×14÷2＝735입니다.

3 3의 배수는 각 자리 숫자의 합이 3의 배수인 수이고, 9의 배수는 각 자리 숫자의 합이 9의 배수인 수입니다.
2＋6＋7＝15, 2＋6＋9＝17,
2＋7＋9＝18, 6＋7＋9＝22
이므로 3의 배수를 만들 수 있는 세 숫자는 (2, 6, 7), (2, 7, 9)이고 9의 배수를 만들 수 있는 세 숫자는 (2, 7, 9)입니다. 이 중 가장 큰 9의 배수는 972이고 가장 작은 3의 배수는 267이므로 두 수의 차는 972−267＝705입니다.

4 18의 약수 : 1, 2, 3, 6, 9, 18 ➡ 6개,
36의 약수 : 1, 2, 3, 4, 6, 9, 12, 18, 36 ➡ 9개,
49의 약수 : 1, 7, 49 ➡ 3개
따라서 ([18]＋[36])×[49]＝(6＋9)×3
＝15×3＝45
입니다.

Jump① 핵심알기　34쪽

1 1, 2, 10, 2, 5 　**2** ㄹ
3 6, 12, 18, 24, 30 　**4** ㄷ

2 ㄹ 102÷34＝3
4 ㄷ 가는 다의 배수입니다.

 **Jump② 핵심응용하기**　35쪽

핵심응용 풀이 16, 6, 4, 6, 96, 7, 112, 96, 112, 96, 96, 96, 48, 48
답 48

확인 1 91 　　**2** 4가지
　　3 71

1 36이 □의 배수가 되려면 □는 36의 약수가 되어야 하므로 □ 안에 들어갈 수 있는 수는 36의 약수인 1, 2, 3, 4, 6, 9, 12, 18, 36입니다.
➡ 1＋2＋3＋4＋6＋9＋12＋18＋36＝91

2 30을 두 수의 곱으로 나타내면 30＝1×30, 30＝2×15, 30＝3×10, 30＝5×6입니다.

가로(cm)	1(30)	2(15)	3(10)	5(6)
세로(cm)	30(1)	15(2)	10(3)	6(5)

따라서 4가지 모양의 직사각형을 만들 수 있습니다.

3 ㉠에 올 수 있는 가장 큰 수는 78, 가장 작은 수는 13이고 ㉡에 올 수 있는 가장 큰 수는 84, 가장 작은 수는 14입니다.
따라서 ㉠＝78, ㉡＝14일 때 78−14＝64,
㉠＝13, ㉡＝84일 때 84−13＝71이므로
㉠과 ㉡의 차가 가장 큰 경우의 차는 71입니다.

Jump① 핵심알기　36쪽

1 6개
2 1, 2, 5, 7, 10, 14, 35, 70
3 48 cm
4 12명, 연필 : 6자루, 볼펜 : 5자루

1 18의 약수의 개수를 구합니다.
18의 약수 : 1, 2, 3, 6, 9, 18 ➡ 6개

2 140과 210의 공약수를 구합니다.
140과 210의 공약수는 140과 210의 최대공약
수인 70의 약수와 같습니다.

3 96과 144의 최대공약수가 48이므로 가장 큰 정
사각형의 한 변의 길이는 48 cm입니다.

4 연필 6타는 12×6=72(자루)입니다.
72와 60의 최대공약수는 12이므로 12명까지
나누어 줄 수 있고 한 명에게 연필은
72÷12=6(자루)씩, 볼펜은 60÷12=5(자루)
씩 나누어 줄 수 있습니다.

Jump② 핵심응용하기   37쪽

핵심응용 | 풀이 5, 84, 3, 60, 84, 60, 84, 60, 12,
12

답 12명

확인 **1** 공약수 : 1, 2, 4, 8, 16
최대공약수 : 16

2 과자 : 4개, 초콜릿 : 3개, 사탕 : 5개

3 6

1 ㉮, ㉯, ㉰, ㉱의 최대공약수는 64와 48의 최대
공약수와 같습니다.
따라서 ㉮, ㉯, ㉰, ㉱의 최대공약수는 16이고
공약수는 1, 2, 4, 8, 16입니다.

2 60, 45, 75의 최대공약수는 15이므로 15명까
지 나누어 줄 수 있고 한 학생에게 과자를
60÷15=4(개), 초콜릿을 45÷15=3(개), 사
탕을 75÷15=5(개)씩 나누어 줄 수 있습니다.

3 89, 71, 83을 어떤 수로 나누면 나머지가 각각
5이므로 89−5=84, 71−5=66,
83−5=78의 공약수 중 5보다 큰 수를 구합
니다.
따라서 어떤 수는 84, 66, 78의 최대공약수인
6의 약수 1, 2, 3, 6 중에서 5보다 큰 수인 6입
니다.

Jump① 핵심알기   38쪽

1 84, 168, 252   **2** 60 cm
3 오전 10시 40분   **4** 156

1 28과 42의 최소공배수가 84이므로 84의 배수
인 84, 168, 252, 336, …… 중에서 가장 작은
수부터 3개를 씁니다.

2 15와 12의 최소공배수가 60이므로 정사각형의
한 변의 길이는 60 cm로 해야 합니다.

3 20과 16의 최소공배수가 80이므로 다음 번에
동시에 출발하는 시각은 80분=1시간 20분 후
인 오전 10시 40분입니다.

4 어떤 수는 14와 22의 공배수에 2를 더한 수입니
다. 따라서 14와 22의 최소공배수는 154이므로
어떤 수 중 가장 작은 수는 154+2=156입니다.

Jump② 핵심응용하기   39쪽

핵심응용 | 풀이 150, 150, 150, 50, 3, 150, 75, 2

답 ㉮ : 3바퀴, ㉯ : 2바퀴

확인 **1** 120, 144   **2** 26

3 1, 2, 4, 8

1 2, 3, 4, 8의 공배수를 구합니다.
2와 3의 최소공배수는 2×3=6이고 4와 8의
최소공배수는 8입니다.
6과 8의 최소공배수는 24이므로 24의 배수 중
100과 150 사이의 수는 120, 144입니다.

2 어떤 수를 □라고 하면
13)65 □   최소공배수는 130이므로
⎯⎯⎯⎯   13×5×㉠=130, ㉠=2입니다.
5 ㉠
따라서 □=13×㉠=13×2=26입니다.

3 어떤 두 수 ■와 ●의 최대공약수를 ☆라고 하면
☆)■ ●   ■=☆×㉠, ●=☆×㉡,
⎯⎯⎯⎯
㉠ ㉡   (최소공배수)=☆×㉠×㉡
■×●=☆×☆×㉠×㉡
=(최대공약수)×(최소공배수)

어떤 두 수의 곱은 두 수의 최대공약수와 최소공배수의 곱과 같습니다. 따라서 어떤 두 수의 최대공약수가 $2304 \div 288 = 8$이므로 두 수의 공약수는 8의 약수인 1, 2, 4, 8입니다.

Jump 3 왕문제   40~45쪽

1 45	**2** 5
3 <	**4** 52
5 31	**6** 9, 9, 2
7 가 : 3개, 나 : 3개, 다 : 3개, 라 : 1개, 마 : 1개	
8 16개	**9** 20바퀴
10 27그루	**11** 12명
12 105, 75	**13** 5500원
14 525	**15** 6
16 7일	**17** 57장
18 5일	

1 □가 54의 오른쪽에 있으므로 □는 54의 약수이고, □가 9의 왼쪽에 있으므로 □는 9의 배수입니다. 9의 배수 18, 27, 36, 45, …… 중에서 54의 약수를 알아보면 18과 27입니다.
따라서 □ 안에 들어갈 수 있는 수는 18, 27이고, 합은 $18 + 27 = 45$입니다.

2 15의 약수는 1, 3, 5, 15이므로
{15}$=1+3+5+15=24$이고,
7의 약수는 1, 7이므로 {7}$=1+7=8$입니다.
따라서 [{15}-{7}]$=$[$24-8$]$=$[16]이고 16의 약수는 1, 2, 4, 8, 16으로 5개이므로 [16]$=5$입니다.

3 9의 배수는 각 자리 숫자의 합이 9의 배수인 수입니다.
5□345 ➡ $5+□+3+4+5=□+17$이므로 □ 안에는 1이 들어갑니다.
5□008 ➡ $5+□+0+0+8=□+13$이므로 □ 안에는 5가 들어갑니다.
➡ 51345<55008입니다.

4 첫 번째와 두 번째 조건을 만족하는 두 자리 수는 70, 61, 52, 43이고 이 중에서 약수의 개수가 6개인 수를 찾으면 52입니다.

5 $100 \div 6 = 16 \cdots 4$이므로 $100 \div 16 = 6 \cdots 4$에서 100보다 작은 16의 배수는 6개이고,
$100 \div 17 = 5 \cdots 15$에서 100보다 작은 17의 배수는 5개입니다. 따라서 어떤 수가 될 수 있는 수 중에서 가장 큰 수가 16이므로 약수의 합은 $1+2+4+8+16=31$입니다.

6 8의 배수가 되려면 끝의 세 자리 수가 000이거나 8의 배수이어야 합니다. 그중 가장 큰 수는 992입니다.

7 27의 약수 : 1, 3, 9, 27
36의 약수 : 1, 2, 3, 4, 6, 9, 12, 18, 36
54의 약수 : 1, 2, 3, 6, 9, 18, 27, 54
그러므로 각 부분에 들어갈 수를 그림에 나타내면 다음과 같습니다.

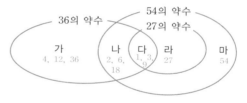

가 : 3개, 나 : 3개, 다 : 3개, 라 : 1개, 마 : 1개

8 3000보다 크고 5000보다 작은 4의 배수는 천의 자리 숫자가 3 또는 4이어야 하고 끝 두 자리 수가 4의 배수이어야 합니다.
천의 자리 숫자가 3일 때, 끝 두 자리 수가 4의 배수인 경우는 04, 08, 40, 48, 80, 84로 6가지입니다.
천의 자리 숫자가 3이고 끝 두 자리 수가 04인 경우 : 3704, 3804
천의 자리 숫자가 3이고 끝 두 자리 수가 08인 경우 : 3708, 3408
⋮   ⋮
천의 자리 숫자가 3이고 끝 두 자리 수가 4의 배수인 수는 각각의 경우 2개씩이므로
$6 \times 2 = 12$(개)입니다.
천의 자리 숫자가 4이고 끝 두 자리 수가 4의 배수인 수는 4308, 4708, 4380, 4780으로 4개이므로 3000보다 크고 5000보다 작은 4의 배수는 $12+4=16$(개)입니다.

9 48, 60, 36의 최소공배수는 720입니다.
(효근이가 공원을 돈 횟수)=720÷36
=20(바퀴)

10 나무를 될 수 있는 대로 적게 심으려면 나무 사이의 간격이 될 수 있는 대로 길어야 하므로 나무 사이의 간격은 삼각형의 세 변의 길이의 최대공약수가 됩니다.
따라서 252, 231, 84의 최대공약수는 21이므로 필요한 나무는 모두
(252+231+84)÷21=27(그루)입니다.

11 부족하거나 남지 않게 나누어 주려면 사과는
19+5=24(개), 감은 42-6=36(개), 배는
53+7=60(개)가 필요합니다.
따라서 24, 36, 60의 최대공약수는 12이므로 모두 12명의 학생에게 나누어 주려고 했습니다.

12 두 자연수를 A, B(A>B)라고 하면
$15\,)\overline{A\quad B}$
$\overline{a\quad b}$
$15\times a\times b=525$,
$a\times b=525÷15=35$이므로
$a=35, b=1$ 또는 $a=7, b=5$
입니다.
따라서 A=525, B=15 또는 A=105, B=75가 될 수 있고 이 중 차가 30인 두 자연수는 105와 75입니다.

13 500원짜리 동전이 5개 부족하므로 필요한 500원짜리 동전은 59+5=64(개)이고
100원짜리 동전이 3개 남았으므로 나누어 준 100원짜리 동전은 83-3=80(개)입니다.
따라서 48, 64, 80의 최대공약수는 16이므로 16명에게 나누어 주고 한 사람에게
$1000\times(48÷16)+500\times(64÷16)$
$+100\times(80÷16)=5500$(원)
씩 나누어 주려고 했습니다.

14 $15\,)\overline{가\quad 120}$　　$21\,)\overline{가\quad 168}$
$\overline{㉠\quad 8}$　　$\overline{㉡\quad 8}$
가는 15와 21의 최소공배수인 105의 배수입니다. 560보다 작은 수 중 가장 큰 105의 배수는 525이고, 525는 조건을 모두 만족하므로 가장 큰 자연수 가는 525입니다.

15 ㉠83㉡은 36으로 나누어떨어지므로 4와 9로도 나누어떨어집니다. 4로 나누어떨어지는 수는 끝의 두 자리 수가 4로 나누어떨어지므로 3㉡은 4로 나누어떨어집니다. 그러므로 ㉡에 알맞은 수는 2 또는 6입니다. 9로 나누어떨어지는 수는 각 자리의 숫자의 합이 9로 나누어떨어져야 하므로 ㉠+8+3+2와 ㉠+8+3+6이 9로 나누어떨어져야 합니다. 따라서 ㉠은 5 또는 1이므로 5+1=6입니다.

16 세 명씩 짝을 지어 화단 정리를 하였으므로 화단 정리를 한 횟수의 합은 3의 배수이어야 합니다. 화단 정리를 가장 많이 한 사람이 7회, 가장 적게 한 사람이 4회이므로 나머지 두 사람은 5회 또는 6회 화단 정리를 하였습니다.

지혜	신영	한초	규형	합
7	5	5	4	21
	5	6		22
	6	5		22
	6	6		23

왼쪽 표의 4가지 경우 중에서 화단 정리를 한 횟수의 합이 3의 배수인 경우는 21뿐이므로
21÷3=7(일) 동안 화단 정리를 하였습니다.

17 4-1=3, 5-2=3, 6-3=3이므로 석기가 가지고 있는 붙임딱지는 4, 5, 6의 공배수보다 3장 적습니다. 4, 5, 6의 최소공배수가 60이므로 석기가 가지고 있는 붙임딱지는 적어도
60-3=57(장)입니다.

18 세 사람은 3, 4, 7의 최소공배수인 84일마다 동시에 일기를 씁니다.
따라서 364÷84=4 … 28이므로 세 사람이 동시에 일기를 쓴 날은 1년 동안 모두
1+4=5(일)입니다.

 Jump 4 왕중왕문제　　　46~51쪽

1 10	2 524개
3 5118	4 36
5 10	6 121, 169, 289
7 9855	8 180초 후
9 16800원	10 24묶음
11 304, 574, 844	12 63장

13 280회전 **14** 105

15 4, 5, 8, 10, 20, 40

16 222쪽 **17** 172

18 24개

1 ㉠을 기준으로 세 수의 관계를 보면
㉠, ㉠−30＝㉡, ㉠−50＝㉢이므로
㉠＋(㉠−30)＋(㉠−50)＝250,
㉠＋㉠＋㉠＝330, ㉠＝110입니다.
따라서 ㉠＝110, ㉡＝80, ㉢＝60이므로 세 수
의 최대공약수는 10입니다.

2 $1×2×3×4×\cdots×2107$
$=1×2×3×(2×2)×\cdots×(7×7×43)$
이 됩니다. 일의 자리부터 0이 몇 개인지 알아보
려면 $2×5$의 곱이 몇 번 있는지 알아야 합니다.
이 중 곱해진 5의 개수를 구하면
$2107÷5＝421\cdots2$(421개),
$2107÷25＝84\cdots7$(84개),
$2107÷125＝16\cdots107$(16개),
$2107÷625＝3\cdots232$(3개)로
$421＋84＋16＋3＝524$(개)입니다.
따라서 일의 자리부터 0이 524개까지 계속 됩니
다.

3 두 수의 차가 가장 커야 하므로 ▲가 1 또는 9일
때를 생각해 봅니다.
▲가 1일 때는 두 수의 차가 약 3000이고, ▲가
9일 때는 두 수의 차가 약 5000이므로 ▲는 9입니
다. 934●가 가장 큰 6의 배수가 되려면 각
자리의 숫자의 합이 3의 배수이고 ●는 짝수입니
다.
$9＋3＋4＋8＝24$에서 24는 3의 배수이므로
●는 8입니다. 423■가 가장 작은 6의 배수가
되려면 ■가 0일 때 즉 4230입니다.
따라서 두 수의 차가 가장 클 때의 차는
$9348−4230＝5118$입니다.

4 ㉡은 4의 배수이고 16의 약수입니다.
➡ ㉡＝4, 8, 16, 합＝$4＋8＋16＝28$
㉣은 16의 배수이고 48의 약수입니다.
➡ ㉣＝16, 48, 합＝$16＋48＝64$
따라서 ㉡과 ㉣이 될 수 있는 각각의 모든 수의
합의 차는 $64−28＝36$입니다.

5 가＝$2×2×5$이고, 나＝$2×2×3×7$이므로
가, 나의 최소공배수는 $2×2×3×5×7＝420$
입니다.
따라서 다는 2, 2, 3, 5, 7을 곱하여 만들 수 있
는 수 중에서 가장 작은 두 자리 자연수인
$2×5＝10$입니다.

6 약수가 2개인 수는 2, 3, 5, 7, 11, 13, 17, 19,
23, 29, ……입니다.
약수가 3개인 수는 약수가 2개인 수를 두 번 곱
한 수이므로
$2×2＝4$, $3×3＝9$, $5×5＝25$,
$7×7＝49$, $11×11＝121$, $13×13＝169$,
$17×17＝289$, $19×19＝361$, ……이고, 이
중에서 100보다 크고 300보다 작은 수는 121,
169, 289입니다.

7 네 자리 수 ㉮8㉯㉰는 45의 배수이므로 5의 배
수이면서 9의 배수입니다.
가장 큰 네 자리 수이므로 ㉮는 9이고, 5의 배수
이므로 ㉰는 5 또는 0입니다.
① ㉰가 5일 때
  $9＋8＋㉯＋5$가 9의 배수가 되려면 ㉯는 5
  이어야 하고 이때 네 자리 수는 9855입니다.
② ㉰가 0일 때
  $9＋8＋㉯＋0$이 9의 배수가 되려면 ㉯는 1
  이어야 하고 이때 네 자리 수는 9810입니다.
따라서 가장 큰 네 자리 수는 9855입니다.

8 빨간색 전등은 $2＋2＝4$(초) 간격으로 켜지고,
노란색 전등은 $4＋1＝5$(초) 간격으로 켜지고,
초록색 전등은 $5＋4＝9$(초) 간격으로 켜집니다.
따라서 바로 다음 번에 세 전등이 동시에 켜질
때는 4, 5, 9의 최소공배수인 180초 후입니다.

9 상연이는 연필과 지우개를 같은 개수만큼 샀으
므로 가지고 있던 금액은 $400＋300＝700$(원)
의 배수입니다.
지혜는 연필과 지우개를 각각 같은 금액만큼 샀
으므로 400과 300의 최소공배수인 1200원의
배수만큼씩 사서 가지고 있던 금액은
$1200＋1200＝2400$(원)의 배수입니다.
따라서 700과 2400의 최소공배수가 16800이
므로 상연이가 가지고 있던 돈이 가장 적을 때는
16800원입니다.

10 $12=4+4+4$이므로 연속한 세 수가
$(4 \times \square - 1, \; 4 \times \square, \; 4 \times \square + 1)$일 때 세 수의
합이 12의 배수가 됩니다.
따라서 가운데 수가 4의 배수이어야 하고 가운
데 수 2부터 99까지 수 중 4의 배수는
$99 \div 4 = 24 \cdots 3$에서 24개이므로 모두 24묶음
입니다.

11
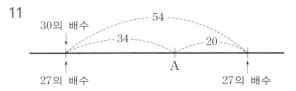

$20+34=54$는 27의 배수이므로 A보다 34 작
은 수는 30의 배수인 동시에 27의 배수입니다.
따라서 A는 27과 30의 공배수보다 34 더 큰 수
이므로 $270+34=304$, $540+34=574$,
$810+34=844$입니다.

12 30과 27의 최대공약
수는 3이고 30과 70
의 최대공약수는 10이
므로 오른쪽 그림과
같이 나타낼 수 있습니다.

	10	9	
	㉠$=10 \times 3$	㉡$=9 \times 3$	3
	㉢$=10 \times 7$	㉣	7

따라서 ㉣에 사용된 색종이는 $9 \times 7 = 63$(장)입니
다.

13 ㉯ 톱니바퀴가 다른 두 톱니바퀴와 맞물려 있으
므로 ㉯의 회전 수를 기준으로 생각합니다. ㉮가
3회전하는 동안 ㉯는 7회전하고, ㉯가 9회전하
는 동안 ㉰는 4회전하므로 7과 9의 최소공배수
63을 이용하면 ㉯가 63회전 할 때 ㉮는
$3 \times 9 = 27$(회전)하고 ㉰는 $4 \times 7 = 28$(회전)합
니다. 따라서 ㉮가 $270(=27 \times 10)$회전하는 동
안 ㉰는 $280(=28 \times 10)$회전합니다.

14 세 수는 $a > b > c$이고

$$75) \overline{a \quad b}$$
$\quad \times \; \blacktriangle \; \times \; \blacksquare = 450$에서
$\qquad 6 \quad 1 \cdots$ ①
$\qquad 3 \quad 2 \cdots$ ②

① $a = 450$, $b = 75$일 때
$\quad 15) \overline{75 \quad c}$
$\qquad \times \quad 5 \times \boxed{14} = 1050$
$c = 210$은 $a > b > c$의 조건에
맞지 않습니다.

② $a = 225$, $b = 150$일 때
$\quad 15) \overline{150 \quad c}$
$\qquad \times \quad 10 \times \boxed{7} = 1050$
따라서 c는 105입니다.

15 세 수를 어떤 수로 나누었을 때 나머지가 모두
같으므로 세 수 중 두 수의 차도 각각 어떤 수로
나누어떨어집니다.
$387 - 267 = 120$, $467 - 267 = 200$,
$467 - 387 = 80$이므로 어떤 수 중 가장 큰 수는
120, 200, 80의 최대공약수인 40이고 40의 약
수인 1, 2, 4, 5, 8, 10, 20, 40으로 나누면 나
머지는 모두 같습니다.
이 중 나머지가 2 이상인 어떤 수는 4, 5, 8,
10, 20, 40입니다.

16 ① 9쪽씩 읽으면 6쪽이 남습니다.
➡ (9의 배수)+6
② 7쪽씩 읽으면 5쪽이 남습니다.
➡ (7의 배수)+5
③ 5쪽씩 읽으면 2쪽이 남습니다.
➡ (5의 배수)+2
① 15, 24, 33, 42, 51, 60, ……
② 12, 19, 26, 33, 40, 47, ……
①과 ②에서 처음으로 같은 수가 되는 것은 33
이고 9와 7의 최소공배수는 63이므로
이 책의 쪽수는 $63+33=96$,
$63 \times 2 + 33 = 159$, $63 \times 3 + 33 = 222$,
$63 \times 4 + 33 = 285$ 중의 하나입니다.
이 중 ③의 조건을 만족하는 수는 222이므로 이
책은 모두 222쪽입니다.

17 $\blacksquare = 301 \times 401 \times 502 + 301 \times 401 \times 502$
$= (7 \times \underline{43} \times 401 \times \underline{2} \times 251) \times \underline{2}$입니다.
따라서 $\blacksquare$를 나누어떨어지게 하는 세 자리 수
중 가장 작은 세 자리 수는 $43 \times 2 \times 2 = 172$입니
다.

18 두 주사위의 눈의 수가 모두 1, 2, 3, 4, 5, 6 여
섯 개씩 반복되므로
길이로는 $8 \times 6 = 48$(cm), $10 \times 6 = 60$(cm)
씩 반복됩니다.
따라서 48과 60의 최소공배수는 240이므로 한
모서리의 길이가 10 cm인 주사위를 최소한
$240 \div 10 = 24$(개) 놓아야 합니다.

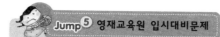

Jump 5 영재교육원 입시대비문제　　52쪽

1 오전 9시	2 오후 1시

1 가 도시에서 오전 9시 버스를 타면 1시간 20분 뒤인 오전 10시 20분에 나 도시에 도착하고 갈아타는 데 걸리는 시간이 10분이므로 오전 10시 30분 차를 기다림없이 탈 수 있습니다. 따라서 이 방법이 처음으로 최단 시간으로 가는 방법입니다.

2 가 도시에서 나 도시로 가는 버스는 30분 간격이고 나 도시에서 다 도시로 가는 버스는 40분 간격이므로 오전 9시부터 30과 40의 최소공배수인 120분 간격으로 타는 것은 모두 최단 시간에 가는 것입니다.

따라서 오전 9시, 오전 11시, 오후 1시, ……에 최단 시간에 갈 수 있으므로 지혜는 오후 1시에 출발하는 차를 타야 합니다.

3 규칙과 대응

Jump 1 핵심알기　　54쪽

1 (1) 9

(2) 9, 12, 18 / ▲는 ■을 3배 한 수입니다.
또는 ■은 ▲를 3으로 나눈 몫입니다.

2 (1) 20개

(2) 12, 16, 20 /
탁자의 다리 수는 탁자의 수의 4배입니다.

(3) 36개

Jump 2 핵심응용하기　　55쪽

핵심응용 풀이 3 / 8, 16 / 8, 3, 16, 4

확인 1 4, 5, 7 / 7, 8, 11

2 17살

3 예 누름 못의 수는 사진의 수의 3배보다 3개 더 많습니다.

1 ♥와 ▼ 사이에 ♥=▼+5의 관계가 있습니다.

2 형의 나이와 동생의 나이 사이의 관계를 알아보면 형의 나이는 동생의 나이보다 3살이 많습니다. 또는 동생의 나이는 형의 나이보다 3살이 적습니다.
따라서 형이 20살이 되면 동생은
20−3=17(살)이 됩니다.

3 표에서 1→6, 2→9, 3→12, …이므로 누름 못의 수는 종이의 수의 3배보다 3개 더 많습니다.

Jump 1 핵심알기　　56쪽

1 ▲=■×5

2 5, 6 / 13, 22 / 12

3 55, 165, 220, 275 / 5분

1 $25=5\times5$, $20=4\times5$, $15=3\times5$,
$10=2\times5$, $5=1\times5$이므로
■와 ▲ 사이에 ▲=■$\times5$의 관계가 있습니다.

2 ●=★$\times3+1$에서 $37=$★$\times3+1$이므로
★$=12$입니다.

Jump2 핵심응용하기 57쪽

핵심응용 **풀이** 6, 11, 16, 21, 26 / 5, 1, 5, 1, 71
답 71개

확인 **1** ▲=■$\times3-2$
2 180분 **3** 16분

1 ■가 1씩 커질 때 ▲는 3씩 커지므로 ■와 ▲ 두 수 사이의 관계식은 ▲=■$\times3-2$입니다.

2
자른 횟수(번)	1	2	3	4	5	…
도막의 수(도막)	2	3	4	5	6	…

➡ (도막의 수)=(자른 횟수)+1
따라서 31도막으로 나누려면 30번 잘라야 하므로 31도막으로 자르는 데 모두
$6\times30=180$(분)이 걸립니다.

3 (높이)÷(시간)=8로 일정하므로
(높이)=(시간)$\times8$입니다.
따라서 $128=$(시간)$\times8$에서
(시간)$=128\div8=16$(분)이므로 128 cm의 높이까지 물을 넣는 데 걸리는 시간은 16분입니다.

Jump1 핵심알기 58쪽

1 3200, 4000, 4800 /
■$\times800=$● 또는 ●$\div800=$■
2 ▲$\times1500=$■ 또는 ■$\div1500=$▲
3 45000원 **4** 25개

3 $30\times1500=45000$(원)

4 $37500\div1500=25$(개)

Jump2 핵심응용하기 59쪽

핵심응용 **풀이** 12, 12, 24,
3000, 3000, 9000,
4, 4
답 ㉠ : 24, ㉡ : 9000, ㉢ : 4

확인 **1** (호두과자 봉지 수)$\times12$
=(호두과자 개수)
2 (호두과자 봉지 수)$\times3000$
=(호두과자 값)
3 (호두과자 개수)$\times250$
=(호두과자 값)

1 호두과자의 개수는 봉지 수의 12배입니다.
(호두과자 봉지 수)$\times12=$(호두과자 개수)

2 호두과자 한 봉지당 3000원이므로 호두과자 값은
(호두과자 봉지 수)$\times3000$입니다.

3 호두과자 12개의 값이 3000원이므로 1개의 값은 $3000\div12=250$(원)입니다.

Jump3 왕문제 60~65쪽

1 ■$=36\div$▲ 또는 ▲$=36\div$■ 또는
■$\times$▲$=36$

2 121개 **3** 12 cm
4 18 cm **5** 150 g
6 9, 17, 25
7 예) (면봉의 수)=(정오각형 수)$\times4+1$
8 74개 **9** 10번
10 예) ▲$=3\times$■$+6$ **11** 52개
12 202개
13 예) ■$\times4+$▲$=500$ 또는 ▲$=500-$■$\times4$
14 28번 **15** 75번째

16 49개   **17** 61번

18 꼭짓점 ㄴ, 76번째

19 5500원   **20** 5월 4일 오후 9시

21 $♥=♣×6-2$ 또는 $♣=(♥+2)÷6$

---

1 ■와 ▲의 곱이 36이므로 $▲=36÷■$ 또는 $■=36÷▲$입니다.

2

정사각형의 수(개)	1	2	3	4	5	…
면봉의 수(개)	4	7	10	13	16	…

(면봉의 수)=(정사각형의 수)×3+1이므로 정사각형 40개를 만드는 데 필요한 면봉은 모두 $40×3+1=121$(개)입니다.

3 $13-1=12$(cm)

4 무게가 10 g씩 늘어날 때마다 용수철의 길이는 1 cm씩 늘어납니다.

5 $(27-12)×10=150$(g)

6 오각형이 한 개씩 더 늘어날 때마다 면봉은 4개씩 늘어납니다.

7 면봉이 4개씩 증가하므로
(면봉의 수)-(정오각형 수)×4=1 또는
(면봉의 수)=(정오각형 수)×4+1입니다.

8 $(300-1)÷4=74…3$이므로 최대 74개까지 만들고 면봉은 3개 남습니다.

9

(토너먼트 경기에서 우승팀을 가리는 경우의 수)
=(팀의 수)-1=11-1=10(번)

10 ■가 1씩 커질 때마다 ▲는 3씩 커지므로 3×■와 ▲의 관계를 생각하여 식을 만듭니다.
■가 1일 때 ▲가 9이므로 9=3×1+6에서 관계식은 $▲=3×■+6$입니다.

11

식탁의 수(개)	1	2	3	4	…
의자의 수(개)	8	12	16	20	…

(의자의 수)=(식탁의 수)×4+4이므로 식탁 12개를 한 줄로 이어 붙일 때 필요한 의자는 모두 $12×4+4=52$(개)입니다.

12

도형의 수(■)	1	2	3	4	5	…
변의 수(▲)	6	10	14	18	22	…

도형이 한 개 늘어날 때마다 변의 수가 4개씩 늘어나므로 ■×4+2=▲입니다.
따라서 ■=50이면 ▲=50×4+2=202이므로 변은 모두 202개입니다.

13 다음과 같이 표로 나타내어 식을 만듭니다.

분(■)	0	1	2	3	4	5	…
남은 물의 양(▲)	500	496	492	488	484	480	…

■가 1씩 커지면 ▲는 4씩 작아지므로 ■×4와 ▲의 합이 500으로 같도록 식을 만듭니다.
■×4와 ▲의 합이 500이므로
■×4+▲=500 또는 ▲=500-■×4
입니다.

14 석기와 7명의 친구들이 악수를 한 것이므로 모두 8명이 악수를 한 것과 같습니다.
➡ $8×(8-1)÷2=28$(번)
별해 $7+6+5+4+3+2+1=28$(번)

15 5   9   13   17   21   25   29
   +4   +4   +4   +4   +4   +4
이므로 4씩 커지는 규칙입니다.
첫 번째 수 : 4×1+1=5,
두 번째 수 : 4×2+1=9,
세 번째 수 : 4×3+1=13, …,
74번째 수 : 4×74+1=297,
75번째 수 : 4×75+1=301
따라서 처음으로 300보다 큰 수가 놓이는 것은 75번째입니다.

16 $1×1=1, 2×2=4, 3×3=9, …$
따라서 7번째 그림에서 가장 작은 정삼각형은 모두 $7×7=49$(개)입니다.

17 도막의 수가 4, 7, 10, 13, ……으로 철사를 한 번씩 더 자를 때마다 3개씩 더 늘어납니다.
□번 잘랐을 때 184도막으로 나누어졌다고 하면
$(□-1)×3+4=184$, □=61입니다.
따라서 61번을 잘랐습니다.

18 꼭짓점 ㄱ : 5로 나누어떨어지는 수
꼭짓점 ㄴ : 5로 나누었을 때 나머지가 1인 수
꼭짓점 ㄷ : 5로 나누었을 때 나머지가 2인 수
꼭짓점 ㄹ : 5로 나누었을 때 나머지가 3인 수

꼭짓점 ㅁ : 5로 나누었을 때 나머지가 4인 수
$5 \times 75 + 1 = 376$이므로 꼭짓점 ㄴ에 위치하며
꼭짓점 ㄴ에서 $75 + 1 = 76$(번째) 수입니다.

19 (꽃 3송이 값)$= 14500 - 13000 = 1500$(원)
(꽃 한 송이 값)$= 1500 \div 3 = 500$(원)
(바구니만의 값)$= 13000 - 500 \times 15$
$\qquad\qquad\qquad\quad = 5500$(원)

20 뉴욕의 시각은 서울의 시각보다
(5일 오후 7시)$-$(5일 오전 6시)$= 13$(시간)이
느리므로 서울의 시각이 5월 5일 오전 10시일
때, 뉴욕의 시각은
(5일 오전 10시)$-$(13시간)$=$(4일 오후 9시)
입니다.

21 ♣가 3씩 커질수록 ♥는 18씩 커집니다. 18은 3
의 6배이므로 ♣$\times 6$에 어떤 수를 더하거나 뺀
수가 ♥가 되는 수를 찾아봅니다.
$5 \times 6 - 2 = 28$, $8 \times 6 - 2 = 46$, $11 \times 6 - 2 = 64$,
$14 \times 6 - 2 = 82$, $17 \times 6 - 2 = 100$이므로 ♣와
♥ 사이의 관계를 식으로 나타내면
♥$=$♣$\times 6 - 2$입니다.

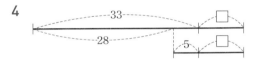

Jump④ 왕중왕문제　　　　　66~71쪽

1	998개	2	57 mm
3	1360 m	4	9년 후
5	95분	6	(예) ■■=△×△−△
7	△=30000+(□−18000)×2		
8	48720원	9	76 cm
10	47번	11	66개
12	19개		
13	▲=■■×6−1, 299개		
14	나, 마	15	▲=■■×38
16	6 cm	17	4시간 40분
18	150개	19	29개
20	(1) 140　(2) 321		

1 작은 삼각형 1개짜리 : $4 \times 100 = 400$(개),
작은 삼각형 2개짜리 : $4 \times 100 = 400$(개),
작은 삼각형 4개짜리 : $(100-1) \times 2 = 198$(개)
➡ $400 + 400 + 198 = 998$(개)

2 초의 길이는 1분이 지날 때마다 7 mm씩 줄어
듭니다.
처음 초의 길이가 162 mm이므로 남은 초의 길
이와 시간 사이의 관계식은
(남은 초의 길이)$= 162 - 7 \times$(시간)입니다.
따라서 15분 후에 남은 초의 길이는
$162 - 7 \times 15 = 162 - 105 = 57$(mm)가 됩니
다.

3 온도가 1 ℃ 오를 때 소리의 빠르기는 1초당
0.6 m 빨라지므로 온도가 5 ℃ 오르면 1초당
$0.6 + 0.6 + 0.6 + 0.6 + 0.6 = 3$(m) 빨라지고
15 ℃ 오르면 1초당 $3 \times 3 = 9$(m) 빨라집니다.
따라서 기온이 15 ℃일 때 소리의 빠르기는 1초
당 $331 + 9 = 340$(m)이므로
번개가 친 장소까지의 거리는
$340 \times 4 = 1360$(m)입니다.

4

몇 년 후를 □라 하면 $(5+□) \times 2 = 28$이므로
$5+□=14$에서 □$=9$(년 후)입니다.

별해 $(33-5) \div (3-1) = 14$(살), 아들이 14
살일 때이므로 $14 - 5 = 9$(년 후)입니다.

5 25도막으로 나누려면 24번을 잘라야 합니다.

자른 횟수(번)	1	2	3	4	5	6	7	…
쉰 횟수(번)	0	1	2	3	4	5	6	…
걸린 시간(분)	3	7	11	15	19	23	27	…

(걸린 시간)$=$(자른 횟수)$\times 4 - 1$이므로 걸리는
시간은 $24 \times 4 - 1 = 95$(분)입니다.

6

순서	첫 번째	두 번째	세 번째	네 번째	…
검은 바둑돌의 수(개)	0	2	6	12	…

검은 바둑돌의 수를 알아보면
첫 번째 : $1 \times 1 - 1 = 0$(개),
두 번째 : $2 \times 2 - 2 = 2$(개),
세 번째 : $3 \times 3 - 3 = 6$(개),
네 번째 : $4 \times 4 - 4 = 12$(개), ……

△번째에 놓은 검은 바둑돌의 수(■)는 전체 바둑돌의 수 (△×△)개에서 △개를 뺀 것입니다.

7 300분은 18000초이므로 18000초까지는 기본 요금으로, 18000초가 넘는 시간은 1초당 2원씩 추가요금을 내어야 합니다.

8 7시간 36분=456분=27360초이므로 통화 요금은
$30000+(27360-18000)×2=48720$(원)입니다.

9 첫 번째의 둘레 : $1×4=(2×1-1)×4=4$
두 번째의 둘레 : $3×4=(2×2-1)×4=12$
세 번째의 둘레 : $5×4=(2×3-1)×4=20$
따라서 10번째의 도형의 둘레의 길이는
$(2×10-1)×4=76$(cm)입니다.

10
만일 4명일 경우 1번과 마주 앉은 사람은 3번이고 2번과 마주 앉은 사람은 4번이므로 서로 마주 앉은 사람의
번호의 차는 전체 인원 수의 $\frac{1}{2}$입니다.
따라서 258명의 반은 129명이므로 서로 마주 앉은 사람과의 번호의 차가 129입니다.
그러므로 176번과 마주 앉은 사람은
$176-129=47$(번)입니다.

11

직선의 개수(개)	2	3	4	5	…
만나는 점의 개수(개)	1	1+2	1+2+3	1+2+3+4	…

직선의 개수가 1개씩 늘어날 때 만나는 점의 개수는 2개, 3개, 4개, …씩 늘어납니다.
따라서 12개의 직선을 그으면 점의 개수는
$1+2+3+…+11=(1+11)×11÷2$
$=66$(개)
입니다.

12 가장자리에 놓이는 면봉의 개수가 □개이면 속에 놓이는 면봉의 개수는 (71-□)개입니다.
속에 놓이는 면봉은 각각 두 개의 정삼각형의 공통변이므로 정삼각형 41개의 변의 개수 123개에서 공통된 변의 개수를 빼면 사용한 면봉의 개수입니다.
$123-(71-□)=71$, $71-□=123-71$,
$□=71-52=19$

따라서 가장 자리에 놓이는 면봉은 19개입니다.

13 각 번째에 있는 바둑돌의 개수를 세어 표로 나타냅니다.

■	1	2	3	4	…
▲	5	11	17	23	…

■가 1씩 커질 때마다 ▲는 6씩 커지므로 ■×6과 ▲의 관계를 생각합니다.
$5=1×6-1$이므로 관계식은 ▲=■×6-1
이며 50번째에 놓일 바둑돌의 개수는
$50×6-1=299$(개)입니다.

14 모두 1 g의 가격을 비교하면 가, 다, 라, 바는 1 g에 38원이고 나, 마는 1 g에 42원입니다.

15 싼 고기는 1 g당 38원이므로 ▲=■×38입니다.

16 4시간 후와 5시간 후의 두 양초의 길이의 차가 같으므로 양초 A는 불을 붙인 뒤 4시간에서 5시간 사이에 모두 탄 것입니다.
따라서 2시간 후의 길이가 12 cm이고 양초 B의 5시간 뒤의 길이는 3 cm이므로 1시간 동안 타는 길이는
$(12-3)÷(5-2)=3$(cm)이고, 4시간 뒤는
$12-3×2=6$(cm) 남습니다.

17 양초 B가 1시간 동안 타는 길이가 3 cm이므로 양초 A가 1시간 동안 타는 길이는
$3+1.5=4.5$(cm)입니다.
양초 B가 4시간 뒤 6 cm 남고 이때 양초 A와의 차가 3 cm이므로 4시간 뒤 양초 A의 길이는 3 cm입니다. 양초 A가 4.5 cm 타는데 60분 걸리므로 3 cm 타는데는 40분 걸립니다. 따라서, 양초 A가 모두 타는데 걸리는 시간은 4시간 40분입니다.

별해 양초 B가 1시간 동안 타는 길이가 3 cm이므로 양초 A가 1시간 동안 타는 길이는
$3+1.5=4.5$(cm)입니다.
4.5 cm 타는데 60분 걸리므로 3 cm 타는데 40분, 12 cm 타는데 $40×4=160$(분) 걸립니다.
따라서, 2시간+160분=4시간 40분만에 모두 탑니다.

18

순서	첫 번째	두 번째	세 번째	네 번째	……
가장 작은 정삼각형의 수(개)	6	24	54	96	……

$6 \times (1 \times 1) = 6$, $6 \times (2 \times 2) = 24$,
$6 \times (3 \times 3) = 54$, $6 \times (4 \times 4) = 96$, ……
따라서 다섯 번째에 만들어지는 가장 작은 정삼각형은 $6 \times (5 \times 5) = 150$(개)입니다.

19 직선의 수와 원의 나누어지는 부분을 생각해 봅니다.

직선의 개수(개)	1	2	3	4	5	6	7
나누어지는 부분의 수(개)	2	4	7	11	16	22	29

$+2 \quad +3 \quad +4 \quad +5 \quad +6 \quad +7$

직선의 수가 1개 늘어날 때마다 2개, 3개, …씩 늘어납니다.
7개의 직선을 그을 때 나누어지는 부분은
$2 + 2 + 3 + 4 + 5 + 6 + 7 = 29$(개)입니다.

20 △의 규칙:
$2 △ 2 = 2 \times 2 = 4$, $2 △ 3 = 2 \times 2 \times 2 = 8$,
$3 △ 3 = 3 \times 3 \times 3 = 27$이므로 앞의 수를 뒤에 있는 수의 개수만큼 곱합니다.
★의 규칙:
$2 ★ 4 = 2 \times 4 + 1 = 9$, $3 ★ 4 = 3 \times 4 + 1 = 13$,
$3 ★ 8 = 3 \times 8 + 1 = 25$이므로 앞의 수와 뒤의 수의 곱에 1을 더합니다.
◎의 규칙:
$2 ◎ 3 = (3 - 2) \times 4 = 4$,
$4 ◎ 1 = (4 - 1) \times 4 = 12$,
$5 ◎ 3 = (5 - 3) \times 4 = 8$이므로 큰 수와 작은 수의 차에 4를 곱합니다.
(1) $5 ★ 8 = 5 \times 8 + 1 = 41$이므로
$$(5 ★ 8) ◎ 6 = 41 ◎ 6$$
$$= (41 - 6) \times 4$$
$$= 140$$
(2) $4 △ 2 = 4 \times 4 = 16$,
$1 ◎ 6 = (6 - 1) \times 4 = 20$이므로
$$(4 △ 2) ★ (1 ◎ 6) = 16 ★ 20$$
$$= 16 \times 20 + 1 = 321$$

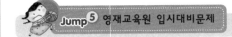

1	정사각형, 470	2	정오각형, 1190
3	127번째		

1 4개의 도형이 반복되므로 30번째에 오는 도형은
$30 \div 4 = 7 \cdots 2$에서 두 번째에 오는 도형과 같은 정사각형입니다.
정사각형의 왼쪽 위의 꼭짓점에 있는 수는 4, 20, 36, ……과 같이 16씩 늘어나는 규칙이 있습니다. 따라서 정사각형 중 여덟 번째의 정사각형에서 첫 번째 수는 $4 + 7 \times 16 = 116$이므로 30번째에 오는 정사각형의 꼭짓점에 있는 수들의 합은 $116 + 117 + 118 + 119 = 470$입니다.

2 4개의 도형이 반복되므로 60번째에 오는 도형은
$60 \div 4 = 15$에서 네 번째에 오는 도형과 같은 정오각형입니다.
정오각형의 위쪽의 꼭짓점에 있는 수는 12, 28, 44, ……와 같이 16씩 늘어나는 규칙이 있습니다. 따라서 정오각형 중 15번째의 정오각형에서 첫 번째 수는 $12 + 14 \times 16 = 236$이므로 60번째에 오는 정오각형의 꼭짓점에 있는 수들의 합은 $236 + 237 + 238 + 239 + 240 = 1190$입니다.

3 마름모의 가장 위쪽에 있는 꼭짓점의 수들은 8, 24, 40, ……으로 16씩 늘어나는 규칙이 있으므로 마름모 중 $(504 - 8) \div 16 = 31$에서 $(31 + 1)$번째 오는 마름모입니다.
따라서 오른쪽 도형은 처음부터
$31 \times 4 + 3 = 127$(번째) 위치에 있습니다.

4 약분과 통분

Jump ① 핵심알기   74쪽

1 $\dfrac{3}{4}$, $\dfrac{6}{8}$, $\dfrac{9}{12}$, $\dfrac{12}{16}$, $\dfrac{15}{20}$

2 2조각   3 같습니다.

4 22개

---

1 $\dfrac{36}{48} = \dfrac{36 \div 12}{48 \div 12} = \dfrac{3}{4}$

2 $\dfrac{1}{6} = \dfrac{1 \times 2}{6 \times 2} = \dfrac{2}{12}$이므로 2조각을 먹어야 예슬이가 먹은 것과 양이 같아집니다.

3 $\dfrac{1}{4} = \dfrac{1 \times 6}{4 \times 6} = \dfrac{6}{24}$이므로 석기가 두 사람에게 준 연필의 개수는 같습니다.

4 $\dfrac{48}{60} = \dfrac{48 \div 12}{60 \div 12} = \dfrac{4}{5} = \dfrac{8}{10} = \dfrac{12}{15} = \dfrac{16}{20} = \cdots$
이므로 분모와 분자의 합이 9의 배수입니다.
따라서 분모와 분자의 합이 200보다 작은 분수는 $200 \div 9 = 22 \cdots 2$에서 22개입니다.

Jump ② 핵심응용하기   75쪽

핵심응용 풀이 15, 20, 4, 4, 4, 4, $\dfrac{20}{36}$, 20, 36, 27, 27

답 27

확인 1 4   2 13개

3 $\dfrac{18}{24}$, $\dfrac{21}{28}$

---

1 어떤 수를 ☐라고 하면
$\dfrac{10 - ☐}{15 - 6} = \dfrac{10 - ☐}{9}$입니다.

$\dfrac{10}{15}$과 크기가 같은 분수 중에서 분모가 9인 수는
$\dfrac{10}{15} = \dfrac{10 \div 5}{15 \div 5} = \dfrac{2}{3} = \dfrac{2 \times 3}{3 \times 3} = \dfrac{6}{9}$이므로
$10 - ☐ = 6$, ☐ $= 4$입니다.
따라서 분자에서 4를 빼야 합니다.

2 $\dfrac{4 \times 2}{7 \times 2} = \dfrac{8}{14}$, $\dfrac{4 \times 3}{7 \times 3} = \dfrac{12}{21}$, $\cdots\cdots$,
$\dfrac{4 \times 14}{7 \times 14} = \dfrac{56}{98}$, $\dfrac{4 \times 15}{7 \times 15} = \dfrac{60}{105}$
따라서 모두 $14 - 1 = 13$(개)입니다.

3 $\dfrac{6}{8}$과 크기가 같은 분수 중 분모가 가장 작은 분수를 구하면 $\dfrac{6}{8} = \dfrac{6 \div 2}{8 \div 2} = \dfrac{3}{4}$입니다.
$\dfrac{3}{4} = \dfrac{6}{8} = \dfrac{9}{12} = \dfrac{12}{16} = \dfrac{15}{20} = \dfrac{18}{24} = \dfrac{21}{28} = \dfrac{24}{32}$
$= \cdots\cdots$

Jump ① 핵심알기   76쪽

1 $\dfrac{1}{30}$, $\dfrac{7}{30}$, $\dfrac{11}{30}$, $\dfrac{13}{30}$, $\dfrac{17}{30}$, $\dfrac{19}{30}$, $\dfrac{23}{30}$, $\dfrac{29}{30}$

2 $\dfrac{16}{45}$ 3 $\dfrac{1}{11}$, $\dfrac{5}{7}$

4 $\dfrac{12}{30}$ 5 $\dfrac{20}{48}$

---

2 $\dfrac{128}{360} = \dfrac{128 \div 8}{360 \div 8} = \dfrac{16}{45}$

3 분모와 분자의 합이 12인 진분수는
$\dfrac{1}{11}$, $\dfrac{2}{10}$, $\dfrac{3}{9}$, $\dfrac{4}{8}$, $\dfrac{5}{7}$입니다.
이 중에서 기약분수는 $\dfrac{1}{11}$, $\dfrac{5}{7}$입니다.

4 $\dfrac{2}{5} = \dfrac{4}{10} = \dfrac{6}{15} = \dfrac{8}{20} = \dfrac{10}{25} = \dfrac{12}{30} = \cdots\cdots$
$\dfrac{12 + 3}{30} = \dfrac{15}{30} = \dfrac{1}{2}$이므로
구하는 분수는 $\dfrac{12}{30}$입니다.

5 $\dfrac{5}{12}$의 분모와 분자의 합이 17이므로 분모와 분자

의 합이 68인 어떤 분수는 $\dfrac{5}{12}$의 분모와 분자에

각각 $68 \div 17 = 4$를 곱한 수입니다.

따라서 어떤 분수는 $\dfrac{5 \times 4}{12 \times 4} = \dfrac{20}{48}$입니다.

1부터 204까지의 수 중에서 5의 배수는
$204 \div 5 = 40 \cdots 4$이므로 40개이고 41의 배수
는 $204 \div 41 = 4 \cdots 40$이므로 4개입니다.
따라서 분모가 205인 진분수 중에서 기약분수
가 아닌 수는 $40 + 4 = 44$(개)입니다.

 Jump② 핵심응용하기　　　　　**77쪽**

핵심응용 풀이 $81, 15, 81, 15, 48, 48, 33, \dfrac{33}{48}$

$\dfrac{33 \div 3}{48 \div 3}, \dfrac{11}{16}$

답 $\dfrac{11}{16}$

확인 1 4개　　　　　2 7

3 44개

1 $\dfrac{1}{2} = \dfrac{1 \times 8}{2 \times 8} = \dfrac{8}{16}$, $1 = \dfrac{16}{16}$이므로

$\dfrac{1}{2}$보다 크고 1보다 작은 분수는

$\dfrac{9}{16}, \dfrac{10}{16}, \dfrac{11}{16}, \dfrac{12}{16}, \dfrac{13}{16}, \dfrac{14}{16}, \dfrac{15}{16}$입니다.

이 중 기약분수는 $\dfrac{9}{16}, \dfrac{11}{16}, \dfrac{13}{16}, \dfrac{15}{16}$로 모두

4개입니다.

2 $\dfrac{8}{13}$의 분모와 분자의 차는 5이므로 분모, 분자에

같은 수를 더하더라도 그 차는 5로 일정합니다.

$\dfrac{3}{4}$의 분모, 분자의 차는 1이므로 분모, 분자에

각각 5를 곱하면 $\dfrac{3 \times 5}{4 \times 5} = \dfrac{15}{20}$이며 분모와 분자

의 차는 5입니다.

따라서 $20 - 13 = 7$, $15 - 8 = 7$이므로 분모와

분자에 7을 더한 것입니다.

3 $205 = 5 \times 41$이므로 분자가 5의 배수 또는 41

의 배수일 때 기약분수가 아닙니다.

Jump① 핵심알기　　　　　**78쪽**

1 $\dfrac{42}{96}, \dfrac{60}{96}$ 　　　2 $\dfrac{46}{60}, \dfrac{47}{60}$

3 $\dfrac{11}{12}, 4\dfrac{8}{15}$ 　　　4 $60, 120, 180$

5 $\dfrac{42}{60}, \dfrac{35}{60}, \dfrac{50}{60}$

1 16과 8의 공배수인 16, 32, 48, 64, 80,
96, 112, …… 중 100에 가장 가까운 수인
96을 공통분모로 하여 통분합니다.

$\left(\dfrac{7}{16}, \dfrac{5}{8} \right) \Rightarrow \left(\dfrac{7 \times 6}{16 \times 6}, \dfrac{5 \times 12}{8 \times 12} \right)$

$\Rightarrow \left(\dfrac{42}{96}, \dfrac{60}{96} \right)$

2 $\dfrac{3}{4}$과 $\dfrac{4}{5}$의 분모를 60으로 통분하면 $\dfrac{45}{60}$와 $\dfrac{48}{60}$

이므로 두 분수 사이에 있는 분수는 $\dfrac{46}{60}, \dfrac{47}{60}$

입니다.

3 분자와 분모의 최대공약수로 약분합니다.

$\left(\dfrac{165}{180}, 4\dfrac{96}{180} \right) \Rightarrow \left(\dfrac{165 \div 15}{180 \div 15}, 4\dfrac{96 \div 12}{180 \div 12} \right)$

$\Rightarrow \left(\dfrac{11}{12}, 4\dfrac{8}{15} \right)$

4 3, 5, 12의 최소공배수는 60입니다.
　➡ 60, 120, 180

5 세 분모 10, 12, 6의 최소공배수는 60입니다.

$\left(\dfrac{7}{10}, \dfrac{7}{12}, \dfrac{5}{6} \right)$

$\Rightarrow \left(\dfrac{7 \times 6}{10 \times 6}, \dfrac{7 \times 5}{12 \times 5}, \dfrac{5 \times 10}{6 \times 10} \right)$

$\Rightarrow \left(\dfrac{42}{60}, \dfrac{35}{60}, \dfrac{50}{60} \right)$

 풀이 32, 41, 9, 9, 3, 35, 5, 38, 19

답 $\dfrac{5}{8}$, $\dfrac{19}{28}$

확인 1 3개   2 126

         3 ㉠ : 20, ㉡ : 72, ㉢ : 64

1 $\dfrac{1}{6}$과 $\dfrac{3}{8}$의 분모를 48로 통분하면 $\dfrac{8}{48}$, $\dfrac{18}{48}$입니다.

따라서 $\dfrac{8}{48}$보다 크고 $\dfrac{18}{48}$보다 작은 기약분수는

$\dfrac{11}{48}$, $\dfrac{13}{48}$, $\dfrac{17}{48}$로 모두 3개입니다.

2 $24 \times 3 = 72$이므로 ㉡$\times 3 = 33$, ㉡$= 11$입니다.

통분한 분모가 72이므로 ㉢$= 72$입니다.

$7 \times 4 = 28$이므로 ㉠$\times 4 = 72$, ㉠$= 18$입니다.

➡ ㉠$\times$㉡$-$㉢$= 18 \times 11 - 72 = 126$

3 $\left(\dfrac{96}{128}, \dfrac{80}{128}, \dfrac{72}{128}\right) \Rightarrow \left(\dfrac{3}{4}, \dfrac{5}{8}, \dfrac{9}{16}\right)$

$\Rightarrow \left(\dfrac{15}{㉠}, \dfrac{45}{㉡}, \dfrac{36}{㉢}\right)$

따라서 ㉠$= 4 \times 5 = 20$, ㉡$= 8 \times 9 = 72$,

㉢$= 16 \times 4 = 64$입니다.

1 영수   2 파란색 테이프

3 $\dfrac{7}{18}$, $\dfrac{1}{2}$, $\dfrac{6}{11}$ 4 $\dfrac{4}{5}$, $\dfrac{3}{4}$, $\dfrac{2}{3}$

5 집

1 $\dfrac{4}{5}$와 $\dfrac{3}{4}$을 통분하면 $\dfrac{16}{20}$, $\dfrac{15}{20}$이므로 $\dfrac{4}{5}$가 더 큽니다.

➡ 영수$>$한초

2 $8\dfrac{2}{5}$와 $8\dfrac{3}{8}$을 통분하면 $8\dfrac{16}{40}$, $8\dfrac{15}{40}$이므로

$8\dfrac{2}{5}$가 더 큽니다.

➡ 파란색 테이프$>$노란색 테이프

3 분자를 2배 한 수가 분모보다 작으면 $\dfrac{1}{2}$보다 작고,

분자를 2배 한 수가 분모보다 크면 $\dfrac{1}{2}$보다 큽니다.

$\dfrac{7}{18} \Rightarrow 7 \times 2 < 18 \Rightarrow \dfrac{7}{18} < \dfrac{1}{2}$,

$\dfrac{6}{11} \Rightarrow 6 \times 2 > 11 \Rightarrow \dfrac{6}{11} > \dfrac{1}{2}$

따라서 $\dfrac{7}{18} < \dfrac{1}{2} < \dfrac{6}{11}$입니다.

4 분모와 분자의 차가 모두 1로 같으므로 분모가 클수록 큰 분수입니다.

➡ $\dfrac{4}{5} > \dfrac{3}{4} > \dfrac{2}{3}$

5 8, 20, 4의 최소공배수인 40으로 분모를 통분합니다.

$\left(\dfrac{7}{8}, \dfrac{17}{20}, \dfrac{3}{4}\right) \Rightarrow \left(\dfrac{35}{40}, \dfrac{34}{40}, \dfrac{30}{40}\right)$

따라서 $\dfrac{7}{8} > \dfrac{17}{20} > \dfrac{3}{4}$이므로 학교에서 가장 먼 곳은 집입니다.

 풀이 $\dfrac{15}{35}$, $\dfrac{14}{35}$, $\dfrac{15}{35}$, $\dfrac{14}{35}$, $\dfrac{6}{35}$, $\dfrac{15}{35}$,

$\dfrac{14}{35}$, $\dfrac{6}{35}$, 효근

답 효근

확인 1 13

         2 $\dfrac{22}{37}$, $\dfrac{33}{56}$, $\dfrac{66}{113}$, $\dfrac{11}{19}$

         3 $\dfrac{7}{8}$

1 세 분수를 36으로 통분하면

$\dfrac{16}{36} < \dfrac{\square \times 3}{36} < \dfrac{22}{36}$ 이고 분자끼리 비교하면

$16 < \square \times 3 < 22$ 입니다.

따라서 □ 안에 들어갈 수 있는 자연수는 6, 7이 므로 합은 $6+7=13$입니다.

2 분자를 같게 한 후 분모의 크기를 비교합니다.

$\dfrac{11}{19} = \dfrac{66}{114}$, $\dfrac{22}{37} = \dfrac{66}{111}$, $\dfrac{33}{56} = \dfrac{66}{112}$, $\dfrac{66}{113}$

3 $\dfrac{4}{5}$, $\dfrac{4}{7} < \dfrac{5}{7}$, $\dfrac{5}{8} < \dfrac{7}{8}$ ➡ $\dfrac{5}{7} < \dfrac{4}{5} < \dfrac{7}{8}$

 **Jump 1 핵심알기** 82쪽

---

1 (1) $>$ (2) $<$

2 1.4, $1\dfrac{1}{5}$, 0.8, $\dfrac{3}{4}$ **3** 상연

4 멜론, 배, 참외

---

1 (1) $\dfrac{3}{4} = 0.75$ $\bigodot{>}$ 0.7

(2) $2\dfrac{2}{5} = 2.4$ $\bigodot{<}$ 2.45

2 $1\dfrac{1}{5} = 1.2$, $\dfrac{3}{4} = 0.75$이므로 가장 큰 수부터 차례

대로 쓰면 1.4, $1\dfrac{1}{5}$, 0.8, $\dfrac{3}{4}$입니다.

3 상연이의 키 $1\dfrac{2}{5}$ m는 1.4 m이므로

1.4 > 1.35에서 상연이의 키가 예슬이의 키보다 더 큽니다.

4 $1\dfrac{1}{4}$ kg = 1.25 kg이므로

$1\dfrac{1}{4}$ > 1.2 > 0.8입니다.

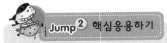 **Jump 2 핵심응용하기** 83쪽

핵심응용 **풀이** 1.6, 1.375, 백화점, 병원, 은행

답 백화점, 병원, 은행

확인 **1** 상연   **2** 0.63, 0.42

---

1 상연이가 만든 가장 큰 대분수 : $5\dfrac{2}{4}$

예슬이가 만든 가장 큰 소수 두 자리 수 : 5.42

$5\dfrac{2}{4} = 5.5$이므로 상연이가 만든 수가 더 큽니다.

2 $\dfrac{6}{16} = \dfrac{3}{8}$, $\dfrac{17}{20} = 0.85$, $\dfrac{6}{24} = \dfrac{2}{8}$이므로

$\dfrac{4}{5}$보다 작고 $\dfrac{3}{8}$보다 큰 수는 0.63, 0.42입니다.

 **Jump 3 왕문제** 84~89쪽

---

1 11	**2** $\dfrac{8}{28}$
3 $\dfrac{19}{28}$	**4** 45
5 21개	**6** $\dfrac{2}{7}$, $\dfrac{3}{7}$, $\dfrac{4}{7}$, $\dfrac{5}{7}$
7 한초, 상연, 석기	**8** 7개
9 41	**10** 120개
11 $\dfrac{15}{36}$	**12** $1\dfrac{1}{12}$, $\dfrac{41}{48}$, $\dfrac{13}{16}$
13 $\dfrac{15}{56}$	
14 $\dfrac{4}{9}$, $\dfrac{1}{3}$, $\dfrac{8}{25}$, $\dfrac{1}{7}$, $\dfrac{2}{17}$	
15 37	**16** 800원
17 $\dfrac{17}{18}$	**18** 50

1 약분할 수 있는 수는 48과 88의 최대공약수가 8 이므로 2, 4, 8의 3개이고 8로 약분하면 기약분 수가 됩니다.

따라서 ㉠=3, ㉡=8이므로

㉠+㉡=3+8=11입니다.

2 $\frac{2}{7}=\frac{4}{14}=\frac{6}{21}=\frac{8}{28}=\frac{10}{35}=\cdots\cdots$이므로

분모와 분자에서 각각 3을 빼면 $\frac{4-3}{14-3}=\frac{1}{11}$,

$\frac{6-3}{21-3}=\frac{3}{18}=\frac{1}{6}$, $\frac{8-3}{28-3}=\frac{5}{25}=\frac{1}{5}$

입니다.

따라서 구하려는 분수는 $\frac{8}{28}$입니다.

3 $\frac{9}{14}$와 $\frac{11}{16}$을 통분하면 $\frac{72}{112}$, $\frac{77}{112}$이므로

눈금 1칸은 $\frac{1}{112}$입니다.

따라서 ㉠=$\frac{72}{112}+\frac{4}{112}=\frac{76}{112}=\frac{19}{28}$입니다.

4 $\frac{㉡}{㉠}=\frac{7}{10}=\frac{14}{20}=\frac{21}{30}=\cdots\cdots$이고,

이때 ㉠+㉡=17, 34, 51, $\cdots\cdots$로 17의 배수 입니다.

255÷17=15이므로 $\frac{㉡}{㉠}=\frac{7\times15}{10\times15}=\frac{105}{150}$

입니다.

따라서 ㉠-㉡=150-105=45입니다.

5 14=2×7이므로 분자가 2 또는 7의 배수이면 약분할 수 있는 분수입니다.

따라서 (2 또는 7의 배수의 개수)

　　=(2의 배수의 개수)+(7의 배수의 개수)

　　　　　　　　　　　-(14의 배수의 개수)

　　=25+7-3=29(개)

이므로 기약분수는 50-29=21(개)입니다.

6 분모가 7인 분수를 $\frac{□}{7}$라고 하면

$\frac{1}{4}<\frac{□}{7}<\frac{5}{6}$입니다.

분모를 84로 통분하면 $\frac{21}{84}<\frac{□\times12}{84}<\frac{70}{84}$

이므로 □ 안에 들어갈 수 있는 수는 2, 3, 4, 5 입니다.

따라서 $\frac{1}{4}$보다 크고 $\frac{5}{6}$보다 작은 분수 중에서

분모가 7인 분수는 $\frac{2}{7}$, $\frac{3}{7}$, $\frac{4}{7}$, $\frac{5}{7}$입니다.

7 세 사람의 몸무게의 합을 1이라 하면

상연이의 몸무게는 $1-\frac{2}{3}=\frac{1}{3}$,

한초의 몸무게는 $1-\frac{4}{7}=\frac{3}{7}$,

석기의 몸무게는 $1-\frac{16}{21}=\frac{5}{21}$입니다.

따라서 (상연, 한초, 석기) ➡ $(\frac{1}{3}, \frac{3}{7}, \frac{5}{21})$ ➡

$(\frac{7}{21}, \frac{9}{21}, \frac{5}{21})$이므로 몸무게가 가장 무거운 사 람부터 순서대로 이름을 쓰면 한초, 상연, 석기 입니다.

8 5, 15, 35의 최소공배수는 105이므로 세 분수 를 공통분모가 105가 되게 통분하면

$\frac{42}{105}<\frac{□\times7}{105}<\frac{93}{105}$입니다.

따라서 42<□×7<93이므로 □ 안에 들어갈 수 있는 수는 7, 8, 9, 10, 11, 12, 13으로 모두 7개입니다.

9 세 분자 5, 20, 15의 최소공배수를 구하여 분 자를 같게 합니다.

$\frac{5\times12}{11\times12}<\frac{20\times3}{□\times3}<\frac{15\times4}{28\times4}$,

$\frac{60}{132}<\frac{60}{□\times3}<\frac{60}{112}$ ➡ 112<□×3<132

따라서 □ 안에 들어갈 수 있는 자연수는 38, 39, 40, 41, 42, 43이고, 이 중 세 번째로 큰 수는 41입니다.

10 175=5×5×7이므로 분자가 5 또는 7의 배수 인 분수는 약분이 됩니다.

5의 배수는 174÷5=34 … 4에서 34개,

7의 배수는 174÷7=24 … 6에서 24개,

35의 배수는 174÷35=4 … 34에서 4개이므로 약분이 되는 분수는 모두 34+24-4=54(개) 입니다.

따라서 기약분수는 모두 174-54=120(개)입 니다.

11 분자와 분모의 최대공약수를 □라 하면

$\dfrac{5}{12}$ ➡ $\dfrac{5\times\square}{12\times\square}$ 입니다.

$\square\,)\overline{\,5\times\square \quad 12\times\square\,}$
$\qquad\;\; 5 \qquad\quad 12$

분자와 분모의 최소공배
수가 180이므로

$\square\times5\times12=180$, $\square=3$입니다.

따라서 구하는 분수는 $\dfrac{5\times3}{12\times3}=\dfrac{15}{36}$입니다.

12 1과의 차가 $1-\dfrac{41}{48}=\dfrac{7}{48}$, $1-\dfrac{13}{16}=\dfrac{3}{16}$,

$1\dfrac{1}{12}-1=\dfrac{1}{12}$이므로 통분하면

$\left(\dfrac{7}{48},\,\dfrac{3}{16},\,\dfrac{1}{12}\right)$ ➡ $\left(\dfrac{7}{48},\,\dfrac{9}{48},\,\dfrac{4}{48}\right)$입니다.

따라서 $\dfrac{1}{12}<\dfrac{7}{48}<\dfrac{3}{16}$이므로 1에 가장 가까운

분수부터 차례로 쓰면 $1\dfrac{1}{12}$, $\dfrac{41}{48}$, $\dfrac{13}{16}$입니다.

13 $\dfrac{\triangle}{\blacksquare}=\dfrac{3}{8}$, $\dfrac{\blacksquare}{\bullet}=\dfrac{5}{7}$,

8과 5의 최소공배수가 40이므로

$\dfrac{\triangle}{\blacksquare}=\dfrac{3\times5}{8\times5}=\dfrac{15}{40}$, $\dfrac{\blacksquare}{\bullet}=\dfrac{5\times8}{7\times8}=\dfrac{40}{56}$

입니다.

따라서 $\triangle=15$, $\bullet=56$이므로

$\dfrac{\triangle}{\bullet}=\dfrac{15}{56}$입니다.

14 분자가 같은 분수는 분모가 작은 분수가 큽니다.
모든 분자의 최소공배수는 8이므로 각각의 분수
를 분자가 8인 분수로 고치면

$\dfrac{1}{7}=\dfrac{8}{56}$, $\dfrac{4}{9}=\dfrac{8}{18}$, $\dfrac{2}{17}=\dfrac{8}{68}$, $\dfrac{8}{25}$, $\dfrac{1}{3}=\dfrac{8}{24}$

이므로 가장 큰 분수부터 차례로 쓰면

$\dfrac{8}{18},\,\dfrac{8}{24},\,\dfrac{8}{25},\,\dfrac{8}{56},\,\dfrac{8}{68}$입니다.

따라서 $\dfrac{4}{9}>\dfrac{1}{3}>\dfrac{8}{25}>\dfrac{1}{7}>\dfrac{2}{17}$입니다.

15 $\dfrac{17\times5}{\square\times5}=\dfrac{85}{\square\times5}$, $\dfrac{5\times17}{11\times17}=\dfrac{85}{187}$이므로
분자는 85이고, 분모는 187에 가장 가까운 수
중 5의 배수인 분수입니다.
따라서 $5\times37=185$, $5\times38=190$이므로
$\dfrac{85}{187}$에 가장 가까운 분수는 $\dfrac{85}{185}=\dfrac{17}{37}$입니다.
따라서 구하는 분수의 분모는 37입니다.

16 $\dfrac{1}{5}<\dfrac{1}{4}<\dfrac{1}{2}$이고 연필값은 같으므로 가장 많은

용돈을 가지고 있던 사람이 자기 용돈의 $\dfrac{1}{5}$을 낸

것이고, 가장 적은 용돈을 가지고 있던 사람이

자기 용돈의 $\dfrac{1}{2}$을 낸 것입니다.

따라서 연필값은 $2000\div5=400$(원)이고 용돈
을 가장 적게 가지고 있던 사람은
$400\times2=800$(원)을 가지고 있었습니다.

17 주어진 분수는 모두 분자가 분모보다 1 작은 분
수입니다.

각각 1보다 $\dfrac{1}{7}$, $\dfrac{1}{9}$, $\dfrac{1}{5}$, $\dfrac{1}{24}$, $\dfrac{1}{18}$이 작은 수이고

$\dfrac{1}{24}<\dfrac{1}{18}<\dfrac{1}{9}<\dfrac{1}{7}<\dfrac{1}{5}$이므로

$\dfrac{23}{24}>\dfrac{17}{18}>\dfrac{8}{9}>\dfrac{6}{7}>\dfrac{4}{5}$입니다.

따라서 $\dfrac{17}{18}$이 두 번째로 큰 수입니다.

18 $\dfrac{6}{7}$과 크기가 같은 분수 중에서 분모와 분자의

차가 $13-4=9$인 분수는 $\dfrac{6}{7}=\dfrac{6\times9}{7\times9}=\dfrac{54}{63}$

입니다.
그러므로 더하려는 수를 $\square$라 하면
$\dfrac{4+\square}{13+\square}=\dfrac{54}{63}$이고 $13+\square=63$에서
$\square=50$이므로 더하려는 수는 50입니다.

Jump 4 왕중왕문제

1 80	**2** $\dfrac{19}{33}$
3 213	**4** $\dfrac{1}{7}$
5 $\dfrac{77}{110}$, $\dfrac{50}{110}$	**6** 6개
7 18개	

8 $\dfrac{11}{60}$, $\dfrac{1}{5}$, $\dfrac{13}{60}$, $\dfrac{7}{30}$

9 가 : 30, 나 : 225   **10** 28

11 ㉠ : 7, ㉡ : 4   **12** 99

13 가 : 8, 나 : 7, 다 : 9, 라 : 3

14 가 : 143, 나 : 44

15 7   **16** 972

17 61번째 수   **18** 95

---

1 $\dfrac{3\times\square+15}{7\times\square+10}=\dfrac{1}{2}$에서

$7\times\square+10=2\times(3\times\square+15)$

$7\times\square+10=6\times\square+30$

$\square=20$이므로 $7\times20-3\times20=80$입니다.

2 처음 분수를 $\dfrac{\triangle}{\square}$ 라고 하면 $\dfrac{\triangle-3}{\square+3}$ 은 $\dfrac{4}{9}$와

크기가 같습니다.

$\triangle-3+\square+3=\triangle+\square=52$이고 $4+9=13$

이므로 처음의 분모와 분자의 합은 약분 후 분모

와 분자의 합의 4배입니다.

그러므로 $\dfrac{4}{9}$의 분모와 분자에 4를 곱하면

$\dfrac{\triangle-3}{\square+3}$ 인 분수를 구할 수 있습니다.

$\dfrac{4\times4}{9\times4}=\dfrac{16}{36}=\dfrac{\triangle-3}{\square+3}$이므로 $\square+3=36$,

$\square=33$이고 $\triangle-3=16$, $\triangle=19$입니다.

따라서 처음의 어떤 분수는 $\dfrac{19}{33}$입니다.

3 분모가 21이므로 분자가 1부터 21까지 중에서

약분되는 분수를 알아봅니다.

분모 21의 약수는 1, 3, 7, 21이므로 분자가 3

의 배수, 7의 배수, 21의 배수면 약분됩니다.

$21\div3=7$(개), $21\div7=3$(개),

$21\div21=1$(개)이므로

$\dfrac{1}{21}$부터 $\dfrac{21}{21}$까지의 분수 중 약분되는 분수는

$7+3-1=9$(개)입니다.

$91\div9=10\cdots1$이므로 91번째 약분되는 분수

의 분자는 $21\times10+3=213$입니다.

4 $\dfrac{3}{\blacksquare}$, $\dfrac{5}{\blacksquare}$, $\dfrac{1}{4}$의 간격이 똑같으므로 $\dfrac{1}{4}=\dfrac{7}{28}$로

고칩니다.

$\dfrac{3}{\blacksquare}$, $\dfrac{5}{\blacksquare}$, $\dfrac{7}{28}$의 간격이 똑같으므로 $\blacksquare$는 28이고

선분 ㄱㄷ의 길이는 $\dfrac{7}{28}-\dfrac{3}{28}=\dfrac{4}{28}=\dfrac{1}{7}$입니다.

5 $\dfrac{1}{1}$(1개), $\dfrac{1}{2}$, $\dfrac{2}{2}$(2개), $\dfrac{1}{3}$, $\dfrac{2}{3}$, $\dfrac{3}{3}$(3개),

$\dfrac{1}{4}$, $\dfrac{2}{4}$, $\dfrac{3}{4}$, $\dfrac{4}{4}$(4개), $\cdots$입니다.

$1+2+3+\cdots+9+10=55$이므로

55번째의 분수는 $\dfrac{10}{10}$,

52번째의 분수는 $\dfrac{7}{10}$이고

60번째 분수는 $\dfrac{5}{11}$입니다.

따라서 $\left(\dfrac{7}{10},\ \dfrac{5}{11}\right)\Rightarrow\left(\dfrac{77}{110},\ \dfrac{50}{110}\right)$입니다.

6 ㉮ : 분모가 18이고 $\dfrac{3}{6}=\dfrac{9}{18}$보다 크고 $\dfrac{5}{6}=\dfrac{15}{18}$

보다 작은 기약분수는 $\dfrac{11}{18}$, $\dfrac{13}{18}$이고 이 중

더 큰 분수는 $\dfrac{13}{18}$입니다.

㉯ : 1보다 작은 분수 중에서 분모가 10인 가장

큰 분수는 $\dfrac{9}{10}$입니다.

분모와 분자의 차가 1인 진분수는 $\dfrac{1}{2}$, $\dfrac{2}{3}$, $\dfrac{3}{4}$, $\dfrac{4}{5}$,

$\cdots$이고 이 중에서 $\dfrac{13}{18}$과 $\dfrac{9}{10}$ 사이의 수는

$\dfrac{3}{4}$, $\dfrac{4}{5}$, $\dfrac{5}{6}$, $\dfrac{6}{7}$, $\dfrac{7}{8}$, $\dfrac{8}{9}$로 모두 6개입니다.

7 $\dfrac{3}{6}<\dfrac{\square}{6}<9\dfrac{1}{5}$에서 $\dfrac{3}{6}$과 $9\dfrac{1}{5}$ 사이에 있는 분모

6인 분수 중 약분되지 않는 분수는

$\dfrac{5}{6}$, $1\dfrac{1}{6}$, $1\dfrac{5}{6}$, $2\dfrac{1}{6}$, $2\dfrac{5}{6}$, $\cdots$, $9\dfrac{1}{6}$이므로

모두 $2\times9=18$(개)입니다.

8 $\dfrac{1}{6}$과 $\dfrac{1}{4}$을 통분하면 $\dfrac{2}{12}$와 $\dfrac{3}{12}$이고 분자의 차는

1이므로 분자의 차가 5가 되도록 하면 $\dfrac{10}{60}$과 $\dfrac{15}{60}$

입니다.

따라서 두 분수 사이에 들어갈 분수는

$\dfrac{11}{60}$, $\dfrac{12}{60}$, $\dfrac{13}{60}$, $\dfrac{14}{60}$이므로

구하는 기약분수는 $\dfrac{11}{60}$, $\dfrac{1}{5}$, $\dfrac{13}{60}$, $\dfrac{7}{30}$입니다.

9 $120=2\times2\times2\times3\times5$이므로

$$\dfrac{1}{120}=\dfrac{3\times5\times3\times5}{(2\times3\times5)\times(2\times3\times5)\times(2\times3\times5)}$$

에서

가$=2\times3\times5=30$, 나$=3\times5\times3\times5=225$

입니다.

10 $\dfrac{1}{6}=\dfrac{2}{12}=\dfrac{3}{18}=\dfrac{4}{24}=\dfrac{5}{30}=\cdots\cdots$이고

$\dfrac{1}{5}=\dfrac{2}{10}=\dfrac{3}{15}=\dfrac{4}{20}=\dfrac{5}{25}=\cdots\cdots$입니다.

분자가 같은 수 중에서 분모의 차가 5인 경우는

$\dfrac{5}{30}$, $\dfrac{5}{25}$일 때이므로

㉠$=30-7=23$이고 ㉡$=5$입니다.

따라서 ㉠$+$㉡$=23+5=28$입니다.

별해

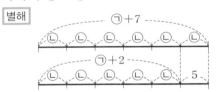

㉠$+7$은 ㉡의 6배, ㉠$+2$는 ㉡의 5배입니다.

㉠$+7=$㉡$+$㉡$+$㉡$+$㉡$+$㉡$+$㉡

㉠$+2=$㉡$+$㉡$+$㉡$+$㉡$+$㉡ $\Rightarrow$ ㉡$=5$

$\dfrac{5}{㉠+2}=\dfrac{1}{5}$, ㉠$+2=5\times5$ $\Rightarrow$ ㉠$=23$

11 $\dfrac{33}{㉠-㉡}=㉠+㉡$이므로

$33=(㉠-㉡)\times(㉠+㉡)$입니다.

$33=1\times33=(17-16)\times(17+16)(\times)$,

$33=3\times11=(7-4)\times(7+4)(\bigcirc)$

따라서 ㉠과 ㉡은 서로 다른 한 자리 수이므로

㉠$=7$, ㉡$=4$입니다.

12 $1=\dfrac{4}{4}$, $10=\dfrac{40}{4}$이므로 분모가 4인 기약분수를

차례로 써 보면 분자는 5부터 39까지의 홀수입니다.

$\dfrac{5}{4}+\dfrac{7}{4}+\dfrac{9}{4}+\dfrac{11}{4}+\cdots\cdots+\dfrac{39}{4}$에서 분수의

개수는 $(39-5)\div2+1=18$(개)입니다.

따라서 분자의 합은 $(5+39)\times18\div2=396$

이므로 기약분수들의 합은 $\dfrac{396}{4}=99$입니다.

별해 $1\dfrac{1}{4}+1\dfrac{3}{4}+2\dfrac{1}{4}+2\dfrac{3}{4}+$

$\cdots\cdots+9\dfrac{1}{4}+9\dfrac{3}{4}$

$=(1+2+\cdots\cdots+9)\times2+(\dfrac{1}{4}+\dfrac{3}{4})\times9$

$=90+9=99$

13 가 나 $9=2$ 다 라 $\times$ 라 이므로 라 $\times$ 라 에서

일의 자리의 숫자가 9가 되는 경우는 라 가 3

또는 7인 경우입니다.

라 가 7일 때, $2\times7=14$에서 가 가 두 자리

수가 되므로 조건에 맞지 않습니다.

라 가 3일 때, 다 는 3을 제외한 1부터 9까지

될 수 있으나 1, 2, 5, 8은 같은 숫자가 나오므

로 조건에 맞지 않습니다.

가	7	7	8	8
나	2	8	1	7
다	4	6	7	9
라	3	3	3	3

따라서 가, 나, 다, 라에 알맞은 숫자는 위쪽 표

와 같고 이 중 분자와 분모의 차가 가장 큰 경우

는 가 : 8, 나 : 7, 다 : 9, 라 : 3입니다.

14 $\dfrac{가-52}{나-16}$의 값이 처음과 같으려면

$\dfrac{가}{나}=\dfrac{52}{16}=\dfrac{13}{4}$과 크기가 같은 수입니다.

이때 가와 나의 최소공배수가 572이므로

$$\square\,)\,\underline{\text{가}\quad\text{나}}$$
$$\quad\ \ 13\quad 4$$

에서 $\square\times13\times4=572$, $\square=11$입니다.

따라서 가$=13\times11=143$, 나$=4\times11=44$

입니다.

15 분자가 모두 24인 분수로 고쳐 생각해 봅니다.

$\dfrac{24}{64}$, $\dfrac{24}{㉮\times4}$, $\dfrac{24}{33}$, $\dfrac{24}{㉯\times4}$, $\dfrac{24}{30}$

$33<㉮\times4<64$이므로 ㉮$=9$, 10, 11, 12,

13, 14, 15가 될 수 있고, $30<㉯\times4<33$이므

로 ㉯$=8$이 될 수 있습니다.

따라서 ㉮, ㉯에 알맞은 자연수의 차가 가장 클

때는 ㉮$-㉯=15-8=7$입니다.

16 ㉮를 9라고 생각하면

$\frac{5}{9}$와 $\frac{7}{9}$ 사이에는 $\frac{6}{9}$밖에 없습니다. ➡ 1개

㉮를 18이라고 생각하면 $\frac{5}{9}\left(=\frac{10}{18}\right)$과

$\frac{7}{9}\left(=\frac{14}{18}\right)$ 사이에는 $\frac{11}{18}$, $\frac{12}{18}$, $\frac{13}{18}$이 있습니다.

➡ 3개

㉮를 27이라고 생각하면 $\frac{5}{9}\left(=\frac{15}{27}\right)$와

$\frac{7}{9}\left(=\frac{21}{27}\right)$ 사이에는 $\frac{16}{27}$, $\frac{17}{27}$, ..., $\frac{20}{27}$이

있습니다. ➡ 5개

㉮를 36이라고 생각하면 $\frac{5}{9}\left(=\frac{20}{36}\right)$과

$\frac{7}{9}\left(=\frac{28}{36}\right)$ 사이에는 $\frac{21}{36}$, $\frac{22}{36}$, ..., $\frac{27}{36}$이

있습니다. ➡ 7개

따라서 ㉮를 $(9\times\square)$라고 생각할 때 $\frac{5}{9}$와 $\frac{7}{9}$

사이에는 $(2\times\square-1)$개의 분수가 있으므로

$\frac{5}{9}$와 $\frac{7}{9}$ 사이에 215개의 분수가 있으려면

$2\times\square-1=215$, $\square=(215+1)\div2=108$

이어야 합니다.

따라서 ㉮는 $9\times108=972$입니다.

17 분모와 분자의 차는 항상 26으로 일정하고

$\frac{5}{7}$의 분모와 분자의 차는 $7-5=2$입니다.

$26\div2=13$에서 분모는 $7\times13=91$,

분자는 $5\times13=65$입니다.

따라서 $\frac{65}{91}$는 $91-30=61$(번째) 수입니다.

18 $\frac{1}{5}$과 크기가 같은 분수 중 분모, 분자가 두 자리

수인 경우를 먼저 찾아보면

$\frac{10}{50}$, $\frac{11}{55}$, $\frac{12}{60}$, $\frac{13}{65}$, $\frac{14}{70}$, $\frac{15}{75}$, $\frac{16}{80}$, $\frac{17}{85}$,

$\frac{18}{90}$, $\frac{19}{95}$입니다.

이 중 분자에서 7을 빼도 두 자리 수가 되는 경우

는 $\frac{17}{85}$, $\frac{18}{90}$, $\frac{19}{95}$이므로 $\frac{㉯}{㉮}$가 될 수 있는 수는

$\frac{10}{85}$, $\frac{11}{90}$, $\frac{12}{95}$입니다.

이 세 수 중 분모에서 5를 빼면 $\frac{1}{8}$이 되는 수는

$\frac{10}{85}$입니다.

따라서 ㉮$=85$, ㉯$=10$이므로 ㉮$+$㉯$=95$입니다.

Jump 5 영재교육원 입시대비문제

96쪽

| 1 | ㄷ : $\frac{1}{11}$, ㄹ : $\frac{7}{66}$ | 2 | 15개 |

1 점 ㄱ이 $\frac{1}{33}$, 점 ㅁ이 $\frac{4}{33}$를 나타내므로 점 ㄴ은

$\frac{4}{33}+\frac{1}{33}=\frac{5}{33}$의 $\frac{1}{2}$인 $\frac{5}{66}$입니다.

$(ㄴ, ㅁ)=\left(\frac{5}{66}, \frac{4}{33}\right)$ ➡ $\left(\frac{5}{66}, \frac{8}{66}\right)$이므로

ㄴ, ㄷ, ㄹ, ㅁ은 $\frac{5}{66}$, $\frac{6}{66}$, $\frac{7}{66}$, $\frac{8}{66}$입니다.

따라서 점 ㄷ은 $\frac{6}{66}=\frac{1}{11}$, 점 ㄹ은 $\frac{7}{66}$을 나타

냅니다.

2 ① 분자가 1인 분수는 $\frac{1}{\square}>\frac{1}{15}$에서 분모는 15

보다 작아야 합니다.

따라서 $\frac{1}{2}$, $\frac{1}{11}$로 2개입니다.

② 분자가 3인 분수는 $\frac{3}{\square}>\frac{1}{15}=\frac{3}{45}$에서

분모는 45보다 작아야 합니다.

따라서 $\frac{3}{5}$, $\frac{3}{14}$, $\frac{3}{23}$, $\frac{3}{32}$, $\frac{3}{41}$으로 5개

입니다.

③ 분자가 5인 분수는 $\frac{5}{\square}>\frac{1}{15}=\frac{5}{75}$에서

분모는 75보다 작아야 합니다.

따라서 $\frac{5}{8}$, $\frac{5}{17}$, $\frac{5}{26}$, $\frac{5}{35}$, $\frac{5}{44}$, $\frac{5}{53}$, $\frac{5}{62}$,

$\frac{5}{71}$로 8개입니다.

따라서 ①, ②, ③에 의해서 $\frac{1}{15}$보다 큰 분수는

모두 $2+5+8=15$(개)입니다.

5 분수의 덧셈과 뺄셈

1 $\dfrac{9}{14}$　　　　2 $\dfrac{27}{35}$

3 $\dfrac{2}{7}+\dfrac{4}{5}$, $\dfrac{3}{8}+\dfrac{5}{6}$　　4 $1\dfrac{9}{40}$ m

1 분자가 같은 분수는 분모가 작을수록 큰 분수이 므로 가장 큰 분수는 $\dfrac{1}{2}$, 가장 작은 분수는 $\dfrac{1}{7}$입 니다. ➡ $\dfrac{1}{2}+\dfrac{1}{7}=\dfrac{7}{14}+\dfrac{2}{14}=\dfrac{9}{14}$

2 $\dfrac{4}{7}+\dfrac{1}{5}=\dfrac{20}{35}+\dfrac{7}{35}=\dfrac{27}{35}$

3 $\dfrac{1}{3}+\dfrac{1}{4}=\dfrac{7}{12}$, $\dfrac{3}{5}+\dfrac{1}{4}=\dfrac{17}{20}$, $\dfrac{2}{7}+\dfrac{4}{5}=1\dfrac{3}{35}$, $\dfrac{3}{8}+\dfrac{5}{6}=1\dfrac{5}{24}$, $\dfrac{7}{12}+\dfrac{1}{3}=\dfrac{11}{12}$

4 $\dfrac{5}{8}+\dfrac{3}{5}=\dfrac{25}{40}+\dfrac{24}{40}=\dfrac{49}{40}=1\dfrac{9}{40}$(m)

핵심응용 풀이 36, $\dfrac{14}{36}$, $\dfrac{38}{36}$, 14, 38, 15, 37, 37, 15, 23

답 23개

확인 1 ㉠ : 2, ㉡ : 6 또는 ㉠ : 4, ㉡ : 3

2 $\dfrac{37}{40}$ m　　　3 12일

1 $\dfrac{㉠\times 3}{18}+\dfrac{㉡\times 2}{18}=\dfrac{18}{18}$

➡ ㉠×3+㉡×2=18

따라서 ㉠=2, ㉡=6 또는 ㉠=4, ㉡=3 입니다.

2 $\dfrac{3}{8}+\dfrac{3}{8}+\dfrac{7}{40}=\dfrac{15}{40}+\dfrac{15}{40}+\dfrac{7}{40}=\dfrac{37}{40}$(m)

3 두 사람이 함께 일을 하면 하루에 일의 $\dfrac{1}{30}+\dfrac{1}{20}=\dfrac{5}{60}=\dfrac{1}{12}$을 할 수 있으므로 12일이 걸립니다.

1 (1) $6\dfrac{11}{12}$　　　　(2) $3\dfrac{13}{30}$

2 $11\dfrac{9}{10}$ kg　　　3 $14\dfrac{5}{6}$

4 어머니와 한초

1 (1) $2\dfrac{1}{4}+4\dfrac{2}{3}=6\dfrac{11}{12}$

(2) $1\dfrac{5}{6}+1\dfrac{3}{5}=3\dfrac{13}{30}$

2 $4\dfrac{2}{5}+7\dfrac{1}{2}=4\dfrac{4}{10}+7\dfrac{5}{10}=11\dfrac{9}{10}$(kg)

3 (어떤 수)$=5\dfrac{7}{12}+4\dfrac{5}{8}=10\dfrac{5}{24}$

➡ $10\dfrac{5}{24}+4\dfrac{5}{8}=14\dfrac{5}{6}$

4 (아버지와 동생의 몸무게의 합) $=64\dfrac{4}{5}+30\dfrac{1}{2}=95\dfrac{3}{10}$(kg)

(어머니와 한초의 몸무게의 합) $=51\dfrac{3}{4}+43\dfrac{5}{8}=95\dfrac{3}{8}$(kg)

➡ $95\dfrac{3}{10}<95\dfrac{3}{8}$

핵심응용 풀이 5, 2, 2, $9\dfrac{5}{7}$, 7, 5, 5, $2\dfrac{5}{9}$, $9\dfrac{5}{7}$, $2\dfrac{5}{9}$, $12\dfrac{17}{63}$

답 $12\frac{17}{63}$

확인 1 서점

2 $6\frac{3}{10}$ m

3 7

1 집 → 우체국 → 공원 : $3\frac{1}{5}+6\frac{5}{8}=9\frac{33}{40}$(km)

집 → 서점 → 공원 : $5\frac{3}{10}+4\frac{5}{16}=9\frac{49}{80}$(km)

➡ $9\frac{33}{40}=9\frac{66}{80}>9\frac{49}{80}$

2 (물에 젖은 막대의 길이)$=2\frac{5}{8}+2\frac{5}{8}=5\frac{1}{4}$(m),

(막대의 길이)$=5\frac{1}{4}+1\frac{1}{20}=6\frac{3}{10}$(m)

3 $5\frac{89}{135}+㉠<□<18$

➡ $□=13,\ 14,\ 15,\ 16,\ 17$ ➡ $㉠=7$

Jump1 핵심알기

102쪽

1 (1) $\frac{1}{35}$ (2) $\frac{19}{42}$

2 $\frac{11}{18}$ 3 $\frac{9}{40}$

4 $\frac{1}{6}$

1 (1) $\frac{3}{5}-\frac{4}{7}=\frac{1}{35}$ (2) $\frac{9}{14}-\frac{4}{21}=\frac{19}{42}$

2 (어떤 수)$+\frac{1}{6}=\frac{7}{9}$

➡ (어떤 수)$=\frac{7}{9}-\frac{1}{6}=\frac{14}{18}-\frac{3}{18}=\frac{11}{18}$

3 석기 ($\frac{2}{5}$)<가영 ($\frac{5}{12}$)<예슬 ($\frac{5}{8}$)이므로

$\frac{5}{8}-\frac{2}{5}=\frac{9}{40}$입니다.

4 $\frac{3}{4}<\frac{4}{5}<\frac{8}{9}<\frac{10}{11}<\frac{11}{12}$

➡ $\frac{11}{12}-\frac{3}{4}=\frac{2}{12}=\frac{1}{6}$

Jump2 핵심응용하기

103쪽

핵심응용 풀이 $\frac{3}{4}$, $\frac{2}{5}$, $\frac{3}{4}$, $\frac{2}{5}$, 영수, $\frac{3}{4}$, $\frac{2}{5}$, $\frac{15}{20}$,

$\frac{8}{20}$, $\frac{7}{20}$

답 영수, $\frac{7}{20}$

확인 1 $\frac{8}{63}$ 2 25개

1 동화책 한 권을 1이라 하면 어제 읽고 남은 분량

은 $1-\frac{3}{7}=\frac{4}{7}$입니다.

따라서 전체의 $\frac{4}{7}-\frac{4}{9}=\frac{8}{63}$을 더 읽어야 합니다.

2 $\frac{1}{56}<□<\frac{1}{30}$

➡ $□=\frac{1}{31},\ \frac{1}{32}, \cdots\cdots, \frac{1}{54},\ \frac{1}{55}$ ➡ 25개

Jump1 핵심알기

104쪽

1 $\frac{71}{120}$ 2 슈퍼마켓, $\frac{13}{20}$ km

3 고구마, $7\frac{33}{40}$ kg 4 $\frac{34}{35}$

1 ㉠ $3\frac{13}{15}$ ㉡ $4\frac{4}{9}$ ㉢ $4\frac{11}{24}$

따라서 ㉠<㉡<㉢이므로 차는

$4\frac{11}{24}-3\frac{13}{15}=\frac{71}{120}$입니다.

2 슈퍼마켓이 $2\frac{1}{4}-1\frac{3}{5}=1\frac{25}{20}-1\frac{12}{20}$

$=\frac{13}{20}$(km) 더 멉니다.

3 고구마를 $12\frac{1}{8}-4\frac{3}{10}=11\frac{45}{40}-4\frac{12}{40}$

$=7\frac{33}{40}$(kg)

더 많이 캤습니다.

4 ㉮$=4-1\frac{3}{7}=2\frac{4}{7}$, ㉯$=2\frac{4}{7}-1\frac{3}{5}=\frac{34}{35}$

  **Jump ② 핵심응용하기**

105쪽

핵심응용 풀이 $3\frac{7}{20}$, 8, 77, $3\frac{7}{20}$, 8, 77, $8\frac{77}{80}$,

$3\frac{7}{20}$, 5, 49, $5\frac{49}{80}$

답 $5\frac{49}{80}$ L

확인 1 $5\frac{3}{4}$ cm **2** $1\frac{7}{40}$ kg

3 $\frac{27}{50}$ km

1 이등변삼각형이므로

(변 ㄱㄴ)=(변 ㄱㄷ)=$8\frac{2}{5}$ cm입니다.

따라서 (변 ㄴㄷ)=$22\frac{11}{20}-8\frac{2}{5}-8\frac{2}{5}$

$=5\frac{3}{4}$(cm)입니다.

2 (코코아 $\frac{1}{2}$의 무게)=$3\frac{1}{8}-2\frac{3}{20}=\frac{39}{40}$(kg),

(빈 병의 무게)=$2\frac{3}{20}-\frac{39}{40}=1\frac{7}{40}$(kg)

3 {(㉯~㉰)+(㉰~㉱)}−{(㉮~㉯)+(㉰~㉱)}

$=$(㉰~㉱)−(㉮~㉯)

$=8\frac{6}{25}-7\frac{7}{10}=\frac{27}{50}$(km)

 **Jump ③ 왕문제**

106~111쪽

1 ㉠ : 100, ㉡ : 99 **2** $3\frac{17}{50}$ m

3 8개 **4** $2\frac{49}{50}$

5 ㉮ : $\frac{2}{3}$, ㉯ : $\frac{7}{12}$ **6** $7\frac{3}{8}$

7 2 kg, $\frac{5}{8}$ kg, $\frac{3}{5}$ kg **8** $3\frac{3}{8}$ m

9 $3\frac{5}{9}$ **10** $\frac{7}{8}$

11 $1\frac{7}{40}$ m **12** $\frac{15}{256}$

13 $25\frac{3}{4}$ cm **14** 7일

15 ㉮ : $\frac{4}{5}$, ㉯ : $\frac{3}{5}$, ㉰ : $\frac{1}{3}$

16 24개

17 농구부 : 30명, 축구부 : 54명

18 $\frac{29}{35}$

1 $\frac{㉠}{㉠-㉡}+\frac{㉡}{㉠-㉡}=\frac{㉠+㉡}{㉠-㉡}$이므로

㉠−㉡이 작을수록, ㉠+㉡이 클수록 값이 큽니다.

따라서 ㉠=100, ㉡=99일 때,

$\frac{㉠+㉡}{㉠-㉡}=\frac{100+99}{100-99}=\frac{199}{1}=199$로

값이 가장 큽니다.

2 (호수의 깊이)+(호수의 깊이)

=(막대의 길이)−(젖지 않은 부분의 길이)

$=7\frac{12}{25}-\frac{4}{5}=6\frac{17}{25}=6\frac{34}{50}=3\frac{17}{50}+3\frac{17}{50}$

이므로 호수의 깊이는 $3\frac{17}{50}$ m입니다.

3 통분하면

$\frac{7\times13}{9\times13}+\frac{\square\times3}{39\times3}<\frac{117}{117}$

➡ $\frac{91}{117}+\frac{\square\times3}{117}<\frac{117}{117}$

$91+\square\times3<117$, $\square\times3<117-91$,

$\square\times3<26$

따라서 □ 안에 들어갈 수 있는 자연수는

$26\div3=8\cdots2$이므로 8개입니다.

4 (어떤 수)=$8+1\frac{6}{25}-3\frac{3}{4}=5\frac{49}{100}$입니다.

따라서 바르게 계산하면

$5\frac{49}{100}-3\frac{3}{4}+1\frac{6}{25}=2\frac{49}{50}$입니다.

5 (㉮+㉯)+(㉮−㉯)=㉮+㉮

$=1\frac{1}{4}+\frac{1}{12}=1\frac{1}{3}$

➡ ㉮=$\frac{2}{3}$

$\frac{2}{3}-$㉯$=\frac{1}{12}$ ➡ ㉯$=\frac{7}{12}$

6 $\frac{2}{3} < \bigcirc < \frac{3}{4}$ ➡ $\frac{2}{3} < \frac{12}{\square} < \frac{3}{4}$

➡ $\frac{12}{18} < \frac{12}{\square} < \frac{12}{16}$ 에서 $16 < \square < 18$,

$\square = 17$ 이므로 $\bigcirc = \frac{12}{17}$ 입니다.

$4\frac{3}{8} + 3\frac{12}{17} = \frac{12}{17} + \bigcirc$,

$\bigcirc = 4\frac{3}{8} + 3\frac{12}{17} - \frac{12}{17} = 4\frac{3}{8} + 3 = 7\frac{3}{8}$

7 (오이) $= 3\frac{9}{40} - 2\frac{5}{8} = \frac{3}{5}$(kg),

(호박) $= 2\frac{3}{5} - \frac{3}{5} = 2$(kg),

(당근) $= 2\frac{5}{8} - 2 = \frac{5}{8}$(kg)

➡ $2\,\text{kg} > \frac{5}{8}\,\text{kg} > \frac{3}{5}\,\text{kg}$

8 (겹쳐진 부분의 길이)
= (색 테이프 3개의 길이의 합)
  − (이어 붙인 전체의 길이)

$= \left(4\frac{1}{4} + 3\frac{5}{8} + 2\frac{11}{20}\right) - 7\frac{1}{20} = 3\frac{3}{8}$(m)

9 $4\frac{5}{12} \odot \square = 5\frac{5}{18}$,

$4\frac{5}{12} + 4\frac{5}{12} - \square = 5\frac{5}{18}$,

$\square = 4\frac{5}{12} + 4\frac{5}{12} - 5\frac{5}{18} = 3\frac{5}{9}$

10 $\frac{1}{2} + \frac{1}{6} + \frac{1}{12} + \frac{1}{20} + \frac{1}{30} + \frac{1}{42} + \frac{1}{56}$

$= \frac{1}{1 \times 2} + \frac{1}{2 \times 3} + \frac{1}{3 \times 4} + \frac{1}{4 \times 5} + \frac{1}{5 \times 6}$

$\quad + \frac{1}{6 \times 7} + \frac{1}{7 \times 8}$

$= \frac{1}{1} - \frac{1}{2} + \frac{1}{2} - \frac{1}{3} + \frac{1}{3} - \frac{1}{4} + \frac{1}{4} - \frac{1}{5} + \frac{1}{5}$

$\quad - \frac{1}{6} + \frac{1}{6} - \frac{1}{7} + \frac{1}{7} - \frac{1}{8}$

$= 1 - \frac{1}{8} = \frac{7}{8}$

11 그림을 그려 보면 다음과 같습니다.

12 첫 번째 그림에서 색칠한 부분을 1이라 하면 색칠한 부분은 바로 앞의 $\frac{1}{4}$이 됩니다.

$1, \frac{1}{4}, \frac{1}{16}, \frac{1}{64}, \frac{1}{256}, \cdots$ 이므로 세 번째와 다섯 번째 그림에서 색칠한 부분의 차는

$\frac{1}{16} - \frac{1}{256} = \frac{15}{256}$ 입니다.

13 $\left(5\frac{2}{5} + 5\frac{2}{5} + 5\frac{2}{5} + 5\frac{2}{5} + 5\frac{2}{5}\right)$

$\quad - \left(\frac{1}{4} + \frac{1}{4} + \frac{1}{4} + \frac{1}{4} + \frac{1}{4}\right)$

$= 25\frac{10}{5} - \frac{5}{4} = 27 - 1\frac{1}{4} = 25\frac{3}{4}$(cm)

14 전체 일의 양을 1이라 하면 하루에 하는 일의 양은 웅이는 $\frac{1}{8}$, 상연이는 $\frac{1}{16}$, 규형이는 $\frac{1}{4}$입니다.

따라서 $\frac{1}{8} + \frac{1}{16} + \frac{1}{4} + \frac{1}{8} + \frac{1}{16} + \frac{1}{4} + \frac{1}{8} = 1$ 이므로 7일 만에 일을 끝낼 수 있습니다.

15

$㉮ + ㉮ + ㉮ = 1\frac{11}{15} + \frac{1}{5} + \frac{7}{15} = \frac{12}{5}$

$\qquad\qquad\qquad = \frac{4}{5} + \frac{4}{5} + \frac{4}{5}$

➡ $㉮ = \frac{4}{5}$, $㉯ = \frac{4}{5} - \frac{1}{5} = \frac{3}{5}$,

$㉰ = \frac{4}{5} - \frac{7}{15} = \frac{1}{3}$

16

사과 2개와 배 6개는 전체 과일의

$1 - \frac{1}{2} - \frac{1}{6} = \frac{2}{6} = \frac{1}{3}$이므로 전체 과일의 $\frac{1}{3}$은 과일 8개입니다. ➡ $8 \times 3 = 24$(개)

17 (농구부 $\frac{1}{2}$) + (축구부 $\frac{5}{9}$) + (농구부 $\frac{1}{2}$)

$\quad + $ (축구부 $\frac{5}{9}$)

$= $ (농구부) + (축구부 $\frac{10}{9}$) $= 45 + 45 = 90$(명)

축구부 $\frac{1}{9}$이 $90-84=6$(명)이므로 축구부는

$6\times9=54$(명)이고 농구부는 $84-54=30$(명)

입니다.

18 한 자리 수 중에서 약수가 2개인 수는 2, 3, 5, 7

입니다.

$$\frac{2}{7}+\frac{3}{5}=\frac{10}{35}+\frac{21}{35}=\frac{31}{35},$$

$$\frac{3}{7}+\frac{2}{5}=\frac{15}{35}+\frac{14}{35}=\frac{29}{35}$$

따라서 $\frac{\bigcirc}{\bigcirc}+\frac{\bigcirc}{\bigcirc}$의 가장 작은 값은 $\frac{29}{35}$입니다.

Jump④ 왕중왕문제

112~117쪽

1 6가지	**2** $1\frac{31}{34}$
3 1일	**4** 4
5 22	**6** $\frac{1}{714}$
7 160명	**8** 6 km
9 32	
10 $\frac{2}{3}$, 1, $1\frac{2}{3}$, $2\frac{2}{3}$, $4\frac{1}{3}$, 7 / 7	
11 $\frac{1}{4}$, $\frac{1}{4}$, $\frac{1}{2}$, $\frac{3}{4}$, $1\frac{1}{4}$, 2 / $\frac{1}{4}$	
12 52개	**13** $\frac{9}{10}$
14 2.25 m	**15** $\frac{1}{5}$
16 가 : $2\frac{1}{12}$, 나 : $\frac{5}{6}$, 다 : $\frac{7}{12}$	
17 1	**18** $70\frac{1}{6}$

1 ㉠, ㉡에 자연수를 넣어 보면

㉡$=1$일 때, $\frac{\bigcirc}{3}+\frac{4}{1}=5$ ➡ ㉠$=3$,

㉡$=2$일 때, $\frac{\bigcirc}{3}+\frac{4}{2}=5$ ➡ ㉠$=9$

㉡$=3$일 때, $\frac{\bigcirc}{3}+\frac{4}{3}=5$ ➡ ㉠$=11$,

㉡$=4$일 때, $\frac{\bigcirc}{3}+\frac{4}{4}=5$ ➡ ㉠$=12$

㉡$=6$일 때, $\frac{\bigcirc}{3}+\frac{4}{6}=5$ ➡ ㉠$=13$,

㉡$=12$일 때, $\frac{\bigcirc}{3}+\frac{4}{12}=5$ ➡ ㉠$=14$입니다.

따라서 (3, 1), (9, 2), (11, 3), (12, 4), (13, 6), (14, 12)로 모두 6가지입니다.

2 늘어놓은 수를 2개씩 묶어 생각하면 첫 번째 묶음은 $(1, \frac{1}{2})$, 두 번째 묶음은 $(2, \frac{2}{3})$, 세 번째 묶음은 $(3, \frac{3}{4})$, ……이므로 묶음의 앞에 있는 수는 묶음 수이고 묶음의 뒤에 있는 수의 분자는 묶음 수, 분모는 (묶음 수)$+1$입니다.

32번째 수는 $32\div2=16$(묶음)의 뒤에 있는 수이므로 $\frac{16}{17}$이고 66번째 수는 $66\div2=33$(묶음)의 뒤에 있는 수이므로 $\frac{33}{34}$입니다.

따라서 $\frac{16}{17}+\frac{33}{34}=\frac{65}{34}=1\frac{31}{34}$입니다.

3 전체 만드는 양을 1로 놓으면 지혜, 신영, 한별이가 하루에 만들 수 있는 양은 각각 전체의 $\frac{1}{6}$, $\frac{1}{12}$, $\frac{1}{4}$입니다.

지혜와 신영이가 함께 만들면 하루에 전체의 $\frac{1}{6}+\frac{1}{12}=\frac{1}{4}$을 만들 수 있으므로 4일이 걸리고, 신영이와 한별이가 함께 만들면 하루에 전체의 $\frac{1}{12}+\frac{1}{4}=\frac{1}{3}$을 만들 수 있으므로 3일이 걸립니다.

따라서 1일이 더 걸립니다.

4 $\frac{3}{4}+\frac{\square}{5}+\frac{\square}{15}+\frac{2}{3}+\frac{\square}{45}=2\frac{103}{180}$

$\frac{\square}{5}+\frac{\square}{15}+\frac{\square}{45}=2\frac{103}{180}-\frac{3}{4}-\frac{2}{3}=1\frac{7}{45}$

$\frac{\square\times9+\square\times3+\square}{45}=1\frac{7}{45}=\frac{52}{45}$

$\square\times13=52$, $\square=4$

5 (준식)

$=1+(\frac{1}{2}+1)+(\frac{1}{3}+\frac{2}{3}+1)+\cdots\cdots$

$+\left(\dfrac{1}{8}+\dfrac{2}{8}+\dfrac{3}{8}+\dfrac{4}{8}+\dfrac{5}{8}+\dfrac{6}{8}+\dfrac{7}{8}+1\right)$

$=1+1\dfrac{1}{2}+2+2\dfrac{1}{2}+\cdots\cdots+4\dfrac{1}{2}$

$=\dfrac{2}{2}+\dfrac{3}{2}+\dfrac{4}{2}+\dfrac{5}{2}+\cdots\cdots+\dfrac{9}{2}$

$=\dfrac{(2+9)\times 8\div 2}{2}=\dfrac{44}{2}=22$

6 바로 앞 분수의 분모가 그 다음 분수의 분자가 되고 바로 앞 분수의 분모와 분자의 합이 그 다음 분수의 분모가 됩니다.

6번째 분수 : $\dfrac{8}{13}$, 7번째 분수 : $\dfrac{13}{21}$,

8번째 분수 : $\dfrac{21}{34}$ ➡ $\dfrac{13}{21}-\dfrac{21}{34}=\dfrac{1}{714}$

7 5학년 전체 학생 수를 1이라고 하면 수학 또는 영어를 좋아하는 학생은 $1-\dfrac{1}{4}=\dfrac{3}{4}$, 수학과 영어를 모두 좋아하는 학생은 $\dfrac{5}{8}+\dfrac{3}{8}-\dfrac{3}{4}=\dfrac{1}{4}$ 입니다.

따라서 5학년 전체 학생의 $\dfrac{1}{4}$이 40명이므로 5학년 전체 학생은 160명입니다.

8 걸어서 간 거리 $500+300=800(m)$는 전체 거리의 $1-\left(\dfrac{2}{3}+\dfrac{1}{5}\right)=\dfrac{2}{15}$에 해당합니다.

그림과 같이 전체 거리의 $\dfrac{1}{15}$은 400 m입니다.

➡ $400\times 15=6000(m)$ ➡ 6 km

9 $\dfrac{1}{2+1}+\dfrac{2}{2+1}=1$

$\dfrac{1}{4+1}+\dfrac{2}{4+1}+\dfrac{3}{4+1}+\dfrac{4}{4+1}=2$

$\dfrac{1}{6+1}+\dfrac{2}{6+1}+\dfrac{3}{6+1}+\dfrac{4}{6+1}+\dfrac{5}{6+1}$

$+\dfrac{6}{6+1}=3$

분모가 □+1인 연속하는 모든 진분수의 합은 진분수의 개수의 반입니다. 따라서 진분수의 개수는 $16\times 2=32$(개)이므로 □$=32$입니다.

10 $\dfrac{1}{3}+\dfrac{1}{3}=\dfrac{2}{3}$, $\dfrac{1}{3}+\dfrac{2}{3}=1$, $\dfrac{2}{3}+1=1\dfrac{2}{3}$,

$1+1\dfrac{2}{3}=2\dfrac{2}{3}$, $1\dfrac{2}{3}+2\dfrac{2}{3}=4\dfrac{1}{3}$,

$2\dfrac{2}{3}+4\dfrac{1}{3}=7$

11 • □$+3\dfrac{1}{4}=5\dfrac{1}{4}$, □$=5\dfrac{1}{4}-3\dfrac{1}{4}=2$

• □$+2=3\dfrac{1}{4}$, □$=3\dfrac{1}{4}-2=1\dfrac{1}{4}$

• □$+1\dfrac{1}{4}=2$, □$=2-1\dfrac{1}{4}=\dfrac{3}{4}$

• □$+\dfrac{3}{4}=1\dfrac{1}{4}$, □$=1\dfrac{1}{4}-\dfrac{3}{4}=\dfrac{1}{2}$

• □$+\dfrac{1}{2}=\dfrac{3}{4}$, □$=\dfrac{3}{4}-\dfrac{1}{2}=\dfrac{1}{4}$

• □$+\dfrac{1}{4}=\dfrac{1}{2}$, □$=\dfrac{1}{2}-\dfrac{1}{4}=\dfrac{1}{4}$

12

처음 구슬의 $\dfrac{3}{4}-\dfrac{3}{13}=\dfrac{27}{52}$이 $20+7=27$(개)이므로 처음에 두 사람이 가지고 있던 구슬은 52개씩입니다.

13 구멍이 난 물통에 물을 가득 채우는 데 ㉯ 수도꼭지로 10분이 걸리므로 1분 동안 새는 물의 양은 물통의 들이의 $\dfrac{1}{6}-\dfrac{1}{10}=\dfrac{1}{15}$입니다.

구멍이 난 물통에 ㉮와 ㉯ 수도꼭지로 1분 동안 채울 수 있는 물의 양은 물통의 들이의 $\dfrac{1}{8}+\dfrac{1}{6}-\dfrac{1}{15}=\dfrac{9}{40}$입니다.

따라서 4분 동안 채울 수 있는 물의 양은 물통의 들이의 $\dfrac{9}{40}+\dfrac{9}{40}+\dfrac{9}{40}+\dfrac{9}{40}=\dfrac{9}{10}$입니다.

14 연못의 깊이를 ①이라고 하면 긴 막대의 길이는 $\dfrac{8}{5}$이고 짧은 막대의 길이는 $\dfrac{4}{3}$입니다.

$\left(\dfrac{8}{5}\right)-\left(\dfrac{4}{3}\right)=\left(\dfrac{4}{15}\right)$ 이고 $\left(\dfrac{4}{15}\right)$가 60 cm이므로

$\left(\dfrac{1}{15}\right)=15$ cm, ①=225 cm입니다.

따라서 연못의 깊이는 2.25 m입니다.

15 지구 표면적을 10으로 하면 바다는 7이고 이 중 남반구의 바다는 4, 북반구의 바다는 3이므로 북반구의 바다 면적은 지구 표면적의 $\dfrac{3}{10}$입니다.

따라서 북반구의 육지 면적은 지구 표면적의 $\dfrac{1}{2}-\dfrac{3}{10}=\dfrac{1}{5}$입니다.

16 모든 면의 수의 합이 같아야 합니다.

$\dfrac{3}{4}+$가$+3\dfrac{1}{4}+$나$=\dfrac{3}{4}+$나$+2\dfrac{1}{4}+3\dfrac{1}{12}$

➡ 가$+3\dfrac{1}{4}=2\dfrac{1}{4}+3\dfrac{1}{12}$ ➡ 가$=2\dfrac{1}{12}$

$\dfrac{3}{4}+$가$+1+3\dfrac{1}{12}=\dfrac{3}{4}+$가$+3\dfrac{1}{4}+$나

➡ $1+3\dfrac{1}{12}=3\dfrac{1}{4}+$나 ➡ 나$=\dfrac{5}{6}$

$\dfrac{3}{4}+$나$+2\dfrac{1}{4}+3\dfrac{1}{12}=$나$+3\dfrac{1}{4}+$다$+2\dfrac{1}{4}$

➡ $\dfrac{3}{4}+3\dfrac{1}{12}=3\dfrac{1}{4}+$다 ➡ 다$=\dfrac{7}{12}$

17 앞 수에 각각 $\dfrac{1}{2}$을 곱한 수들의 합이므로

$A=\dfrac{1}{2}+\dfrac{1}{4}+\dfrac{1}{8}+\dfrac{1}{16}+\cdots$

$-\left(A\times\dfrac{1}{2}\right)=\qquad \dfrac{1}{4}+\dfrac{1}{8}+\dfrac{1}{16}+\dfrac{1}{32}+\cdots$

$\overline{\quad A\times\dfrac{1}{2}=\dfrac{1}{2},\ A=1\quad}$

18 $\dfrac{12!-11!}{3!\times10!}=\dfrac{12\times11!-11!}{3!\times10!}=\dfrac{11!\times11}{3!\times10!}$

$\qquad =\dfrac{11\times10!\times11}{3!\times10!}=\dfrac{11\times11}{3\times2\times1}$

$\qquad =20\dfrac{1}{6}$

$\dfrac{11!-10!}{2!\times9!}=\dfrac{11\times10!-10!}{2!\times9!}=\dfrac{10!\times10}{2!\times9!}$

$\qquad =\dfrac{10\times9!\times10}{2!\times9!}=\dfrac{100}{2\times1}=50$

따라서 식의 값은 $20\dfrac{1}{6}+50=70\dfrac{1}{6}$입니다.

1 예

$\dfrac{2}{15}$	$\dfrac{3}{5}$	$\dfrac{4}{15}$
$\dfrac{7}{15}$	$\dfrac{1}{3}$	$\dfrac{1}{5}$
$\dfrac{2}{5}$	$\dfrac{1}{15}$	$\dfrac{8}{15}$

2 $\dfrac{12}{85}$

1 예 1부터 9까지의 자연수를 이용하여 가로, 세로, 대각선에 있는 세 수의 합이 모두 같게 만듭니다. 가로, 세로, 대각선에 있는 세 수의 합이 15로 같으므로 가로, 세로, 대각선에 있는 세 수의 합이 1이 되게 합니다.

2	9	4
7	5	3
6	1	8

➡

$\dfrac{2}{15}$	$\dfrac{9}{15}$	$\dfrac{4}{15}$
$\dfrac{7}{15}$	$\dfrac{5}{15}$	$\dfrac{3}{15}$
$\dfrac{6}{15}$	$\dfrac{1}{15}$	$\dfrac{8}{15}$

2 $\dfrac{2}{35}=\dfrac{2}{5\times7}=\dfrac{1}{5}-\dfrac{1}{7}$이므로

$\dfrac{2}{35}+\dfrac{2}{63}+\dfrac{2}{99}+\dfrac{2}{143}+\dfrac{2}{195}+\dfrac{2}{255}$

$=\dfrac{1}{5}-\dfrac{1}{7}+\dfrac{1}{7}-\dfrac{1}{9}+\dfrac{1}{9}-\dfrac{1}{11}+\dfrac{1}{11}$

$\quad-\dfrac{1}{13}+\dfrac{1}{13}-\dfrac{1}{15}+\dfrac{1}{15}-\dfrac{1}{17}$

$=\dfrac{1}{5}-\dfrac{1}{17}=\dfrac{17}{85}-\dfrac{5}{85}=\dfrac{12}{85}$

6 다각형의 둘레와 넓이

Jump① 핵심알기
120쪽

1 8 cm	2 1 cm
3 48 cm	4 9 cm

1 (정육각형의 둘레)$=8\times6=48$(cm)
(정팔각형의 둘레)$=5\times8=40$(cm)
(둘레의 차)$=48-40=8$(cm)

2 (직사각형의 세로)
$=$(철사 전체의 길이)$\div2-$(직사각형의 가로)
$=(90\div2)-22=23$(cm)
따라서 직사각형의 가로와 세로의 차는
$23-22=1$(cm)입니다.

3 (평행사변형의 둘레)$=5\times2+7\times2=24$(cm)
(직사각형의 둘레)$=(5+7)\times2=24$(cm)
(둘레의 합)$=24+24=48$(cm)

4 (평행사변형의 둘레)$=(8+10)\times2=36$(cm)
(마름모의 한 변의 길이)$=36\div4=9$(cm)

Jump② 핵심응용하기
121쪽

핵심응용 **풀이** 12, 12, 7, 20, 7, 20, 140
답 140 cm

확인 **1** 60 cm   **2** 32 cm

1 (정사각형의 한 변)$=36\div4=9$(cm),
(직사각형의 가로)$=(42\div2)-9=12$(cm)
따라서 처음 직사각형의 가로는
$9+12=21$(cm), 세로는 9 cm이므로
둘레는 $(21+9)\times2=60$(cm)입니다.

2 첫 번째 : $8\times4=32$(cm),
두 번째 : $(4\times4)\times2=32$(cm),
세 번째 : $(2\times4)\times4=32$(cm),
네 번째 : $(1\times4)\times8=32$(cm)
정사각형의 한 변의 길이를 $\frac{1}{2}$씩 줄여도 둘레는

변하지 않으므로 14번째에 그려지는 도형의 둘레는 32 cm입니다.

Jump① 핵심알기
122쪽

1 파란색 색종이	2 48 cm^2
3 90배	4 풀이 참조

1 분홍색 색종이가 파란색 색종이 안에 포함되므로 파란색 색종이가 분홍색 색종이보다 더 넓습니다.

2 작은 정사각형 한 개의 넓이가 4 cm^{2}이고 주어진 도형은 작은 정사각형이 12개이므로 도형의 넓이는 $4\times12=48$(cm^2)입니다.

3 단위넓이를 가로로 15개씩, 세로로 6줄 놓으면 완전히 덮을 수 있으므로 도형의 넓이는 단위넓이의 $15\times6=90$(배)입니다.

4

1 cm^2

한 칸의 넓이가 1 cm^{2}이므로 6칸으로 이루어진 직사각형을 그립니다.

Jump② 핵심응용하기
123쪽

핵심응용 **풀이** 3, 2, 3, 2, 5, 6, 6, 18, 18, 18, 324
답 324배

확인 **1** 16배   **2** 196배

1 가장 작은 정사각형의 넓이는 가장 큰 정사각형의 $\frac{1}{16}$이고 색칠한 부분의 넓이는 가장 작은 정사각형의 넓이와 같습니다.
따라서 가장 큰 정사각형의 넓이는 색칠한 부분의 넓이의 16배입니다.

2 작은 직사각형의 세로를 □라고 하면
$10\times\square=70$, $\square=7$(cm)이므로

가로는 $7 \times 4 = 28(\text{cm})$입니다.
따라서 단위넓이를 가로로 28개씩, 세로로 7줄 놓으면 완전히 덮을 수 있으므로 작은 직사각형 한 개의 넓이는 단위넓이의 $28 \times 7 = 196$(배)입니다.

2 (직사각형의 가로)$=(10 \times 7)-(2 \times 6)$
$\qquad\qquad\qquad = 58(\text{cm})$
따라서 만들어진 직사각형의 넓이는
$58 \times 10 = 580(\text{cm}^2)$입니다.

Jump ① 핵심알기   124쪽

1 (1) 28 cm²   (2) 36 cm²
2 (1) 5   (2) 11
3 340 cm²   4 144 cm²

1 (1) $7 \times 4 = 28(\text{cm}^2)$
  (2) $6 \times 6 = 36(\text{cm}^2)$

2 (1) $9 \times \square = 45$, $\square = 45 \div 9$, $\square = 5$
  (2) $\square \times \square = 121$, $\square = 11$

3 (공책의 넓이)$=$(공책의 가로)$\times$(공책의 세로)
$\qquad\qquad\quad = 17 \times 20 = 340(\text{cm}^2)$

4 (색종이의 한 변)$=$(색종이의 둘레)$\div 4$
$\qquad\qquad\qquad = 48 \div 4 = 12(\text{cm})$
  (색종이의 넓이)
$=$(색종이의 한 변)$\times$(색종이의 한 변)
$= 12 \times 12 = 144(\text{cm}^2)$

Jump ② 핵심응용하기   125쪽

핵심응용 풀이 ㅅㅈ, ㄱㅁㅇ, ㅂㄴㅇ, ㄷㅇㅈ, ㄹㅇㅁ, 2, 14, 6, 2, 42
        답 42 cm²
확인 1 16 cm²   2 580 cm²

1
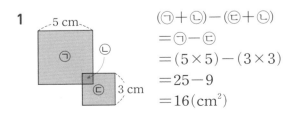
$(\textcircled{ㄱ}+\textcircled{ㄴ})-(\textcircled{ㄷ}+\textcircled{ㄴ})$
$=\textcircled{ㄱ}-\textcircled{ㄷ}$
$=(5 \times 5)-(3 \times 3)$
$=25-9$
$=16(\text{cm}^2)$

Jump ① 핵심알기   126쪽

1 (1) 50000   (2) 20
  (3) 8000000   (4) 6
2 (1) 4   (2) 21
3 (1) km²   (2) m²

2 (1) 200 cm$=2$ m이므로 2 m$\times 2$ m$=4$ m²입니다.
  (2) 7000 m$=7$ km이므로
    7 km$\times 3$ km$=21$ km²입니다.

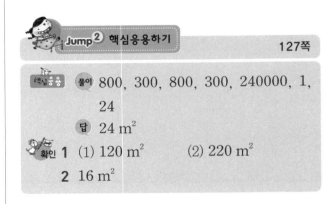
Jump ② 핵심응용하기   127쪽

핵심응용 풀이 800, 300, 800, 300, 240000, 1, 24
        답 24 m²
확인 1 (1) 120 m²   (2) 220 m²
     2 16 m²

1 (1) $20 \times 12 \div 2 = 120(\text{m}^2)$
  (2) $(24-4) \times (15-4) = 220(\text{m}^2)$

2 (정사각형 넓이의 $\frac{1}{2}$)$=64 \div 2 = 32(\text{m}^2)$,
  (정사각형 넓이의 $\frac{1}{4}$)$=64 \div 4 = 16(\text{m}^2)$
  (색칠한 부분의 넓이)
$=$(정사각형 넓이의 $\frac{1}{2}$)$-$(정사각형 넓이의 $\frac{1}{4}$)
$=32-16=16(\text{m}^2)$

128쪽

1 (1) 96 cm²   (2) 182 cm²

2 넓이는 모두 같습니다. 밑변과 높이가 모두 같기 때문입니다.

3 8   **4** 11

1 (1) $8 \times 12 = 96 (\text{cm}^2)$
  (2) $13 \times 14 = 182 (\text{cm}^2)$

129쪽

핵심응용 **풀이** 15, 15, 25, ㅁㄷ, ㄱㄷ, 25, 25,
     12, 15, 20

  답 20 cm

확인 **1** 529 cm²   **2** 1120 cm²

1 선분 ㄱㄹ의 길이를 □라고 하면
  $(\square - 4) \times (\square - 4) = 361 (\text{cm}^2)$입니다.
  $19 \times 19 = 361$이므로 □=23입니다.
  따라서 평행사변형 ㄱㄴㄷㄹ의 넓이는
  $23 \times 23 = 529 (\text{cm}^2)$입니다.

2 ▱ : 6개, ▱▱ : 4개, ▱▱▱ : 2개, ▱ : 3개,

  ▱ : 2개, ▱▱▱ : 1개

  ➡ $4 \times 7 \times 6 + 8 \times 7 \times 4 + 12 \times 7 \times 2$
    $+ 4 \times 14 \times 3 + 8 \times 14 \times 2 + 12 \times 14$
    $= 1120 (\text{cm}^2)$

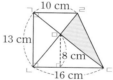

130쪽

1 136 cm²

2 (1) 168 cm²   (2) 128 cm²

3 24 m²   **4** 5쌍

1 $17 \times 16 \div 2 = 136 (\text{cm}^2)$

2 (1) $(24 \times 7 \div 2) \times 2 = 168 (\text{cm}^2)$
  (2) $(16 \times 8 \div 2) \times 2 = 128 (\text{cm}^2)$

3 밑변이 6 m, 높이가 8 m인 삼각형입니다.
  ➡ $6 \times 8 \div 2 = 24 (\text{m}^2)$

4 삼각형 ㄴㅁㅇ과 삼각형 ㄴㅁㄹ, 삼각형 ㅁㅂㅅ과 삼각형 ㅁㅂㄹ, 삼각형 ㅇㄴㄹ과 삼각형 ㅇㄴㅁㄹ, 삼각형 ㅅㅁㄹ과 삼각형 ㅅㅂㄹ, 삼각형 ㄱㄴㄹ과 삼각형 ㄹㄴㄷ

131쪽

핵심응용 **풀이** 2, 2, 4, 108, 4, 27
    답 27 cm²

확인 **1** 40 cm²   **2** 8배

1

(삼각형 ㄱㄴㄷ의 넓이)
=(삼각형 ㄹㄴㄷ의 넓이)이므로
삼각형 ㄱㄴㄷ의 넓이에서 삼각형 ㅁㄴㄷ의 넓이를 빼면 됩니다.
$(16 \times 13 \div 2) - (16 \times 8 \div 2) = 40 (\text{cm}^2)$

2 삼각형 ㄱㄹㄷ의 넓이는 삼각형 ㄱㄴㄷ의 넓이의 4배이고, 삼각형 ㄷㄹㅁ의 넓이는 삼각형 ㄱㄹㄷ의 넓이의 2배이므로 삼각형 ㄷㄹㅁ의 넓이는 삼각형 ㄱㄴㄷ의 넓이의 $4 \times 2 = 8$(배)입니다.

132쪽

1 (1) 432 cm²   (2) 160 cm²

2 19 cm   **3** 72 m²

4 60 cm²

1 (1) $(18 \times 2) \times 24 \div 2 = 432 (\text{cm}^2)$
  (2) $(10 \times 2) \times (8 \times 2) \div 2 = 160 (\text{cm}^2)$

2 $(\bigcirc \times 2) \times 18 \div 2 = 342 \Rightarrow \bigcirc = 19\,(\text{cm})$

3

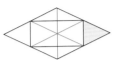

마름모의 넓이는 색칠한 부분의 넓이의 8배입니다.

4 $(6+6+6) \times 10 \div 2 - 6 \times 10 \div 2 = 60\,(\text{cm}^2)$

 Jump**2** 핵심응용하기　　　　133쪽

핵심응용 **풀이** ㄴㄹ, ㄱㄷ, 16, 13, 2, 416, 416,
78, 78, 39, 39, 39, 2, 13, 6

답 6 cm

확인 **1** 16 cm　　　　**2** 288 cm²

1 마름모의 넓이의 $\dfrac{4}{11}$ 가 64 cm²이므로 마름모의
넓이는 $64 \div 4 \times 11 = 176\,(\text{cm}^2)$입니다.
(대각선 ㄱㄷ)$\times 22 \div 2 = 176\,(\text{cm}^2)$이므로
대각선 ㄱㄷ의 길이는 16 cm입니다.

2 $(24 \times 16 \div 2 - 12 \times 8 \div 2) \times 2 = 288\,(\text{cm}^2)$

Jump**1** 핵심알기　　　　134쪽

1 (1) 72 cm²　　　　(2) 136 cm²

2 17 m　　　　**3** 58 cm²

4 9, 351

1 (1) $(8+16) \times 6 \div 2 = 72\,(\text{cm}^2)$
(2) $(6+28) \times 8 \div 2 = 136\,(\text{cm}^2)$

2 $(\bigcirc + 25) \times 20 \div 2 = 420 \Rightarrow \bigcirc = 17\,(\text{m})$

3 $(8+14) \times 8 \div 2 - 10 \times 6 \div 2 = 58\,(\text{cm}^2)$

4 넓이 : $(15+24) \times 18 \div 2 = 351\,(\text{cm}^2)$
$(30 \times \square \div 2) + (24 \times 18 \div 2) = 351\,(\text{cm}^2)$
$\Rightarrow \square = (351-216) \div 15 = 9\,(\text{cm})$

Jump**2** 핵심응용하기　　　　135쪽

핵심응용 **풀이** ㄹㄷ, ㄴㄷ, 45, 47, 59, 33, 높이,
ㄹㅁ, ㄹㅁ, 59, 33, 26

답 26 cm

확인 **1** 354 cm²　　　　**2** 10

1 $20 \times 15 \div 2 = (\text{사다리꼴의 높이}) \times 25 \div 2$
$(\text{사다리꼴의 높이}) = 20 \times 15 \div 25 = 12\,(\text{cm})$
$(\text{사다리꼴의 넓이}) = (25+34) \times 12 \div 2$
$\qquad\qquad\qquad\quad = 354\,(\text{cm}^2)$

2 사다리꼴 ㄱㄴㄷㄹ의 넓이는 ㉯의 넓이의 3배입니다.
(사다리꼴 ㄱㄴㄷㄹ의 넓이)
$= (12+18) \times (\text{높이}) \div 2$이고,
$(㉯의 넓이) = \square \times (\text{높이}) \div 2$이므로
$12+18 = \square \times 3$, $30 = \square \times 3$
$\Rightarrow \square = 10$입니다.

Jump**1** 핵심알기　　　　136쪽

1 (1) 168 cm²　　　　(2) 216 cm²

2 165 cm²　　　　**3** 58 m²

4 63 cm²

1 (1)

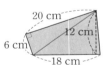

$20 \times 6 \div 2 + 18 \times 12 \div 2 = 168\,(\text{cm}^2)$

(2)

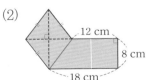

$(12+18) \times 8 \div 2 + 12 \times 16 \div 2 = 216\,(\text{cm}^2)$

2

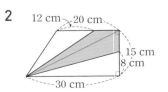

$(8 \times 15 \div 2) + (7 \times 30 \div 2) = 165\,(\text{cm}^2)$

별해 사다리꼴의 넓이에서 삼각형의 넓이를 뺍니다.

$(8+30) \times 15 \div 2 - 30 \times 8 \div 2$
$= 165 (cm^2)$

3

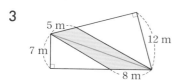

$(8 \times 7 \div 2) + (5 \times 12 \div 2) = 58 (m^2)$

4

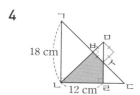

삼각형 ㅅㄹㄷ이 이등변삼각형이므로
(선분 ㅅㄹ)=(선분 ㄹㄷ)=18-12=6(cm)입니다.
(선분 ㅁㅅ)=12-6=6(cm)이므로
삼각형 ㅁㅂㅅ의 넓이는
$(6 \times 6 \div 2) \div 2 = 9 (cm^2)$입니다.
따라서 겹쳐진 부분의 넓이는
$12 \times 12 \div 2 - 9 = 63 (cm^2)$입니다.

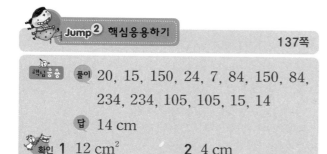

Jump 2 핵심응용하기

137쪽

핵심응용 풀이 20, 15, 150, 24, 7, 84, 150, 84,
234, 234, 105, 105, 15, 14

답 14 cm

확인 **1** 12 cm² **2** 4 cm

1 $(3 \times 5 + 3 \times 4 + 3 \times 3 + 3 \times 2)$
$- (3+3+3+3) \times 5 \div 2$
$= 12 (cm^2)$

2 (평행사변형 ㅁㄴㄷㅂ의 넓이)$=8 \times 12$
$=96 (cm^2)$
(삼각형 ㅅㄴㄷ의 넓이)$=96-64=32 (cm^2)$
(선분 ㅅㄷ의 길이)$=32 \times 2 \div 8 = 8 (cm)$
따라서 선분 ㄹㅅ의 길이는 12-8=4(cm)입니다.

Jump 3 왕문제

138~143쪽

1 196 cm		**2** 30 m	
3 120 cm		**4** 650 cm	
5 500 cm²		**6** 5 cm	
7 10 cm²		**8** 405 cm²	
9 90 cm		**10** 200 cm²	
11 1배		**12** 13 cm	
13 22 m		**14** 105 cm²	
15 14 cm²		**16** 13.95 m²	
17 8 cm		**18** 96 cm²	

1

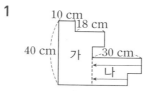

도형 가의 둘레는 $(28+40) \times 2 = 136 (cm)$이고 도형 나에서 남은 둘레는 $30 \times 2 = 60 (cm)$이므로 도형의 둘레는 $136+60=196 (cm)$입니다.

2 $324 = 18 \times 18$이므로 정사각형의 한 변의 길이는 18 m입니다.
직사각형의 긴 변의 길이는 작은 변의 길이의 2배이므로 작은 변의 길이는 3 m, 긴 변의 길이는 6 m입니다.
따라서 색칠한 부분의 가로는 3+6=9(m),
세로는 6 m이므로 둘레는
$(9+6) \times 2 = 30 (m)$입니다.

3 (색칠한 부분의 넓이)
=(정사각형 2개의 넓이)-(도형 전체의 넓이)
$=(50 \times 50 \times 2) - 4100$
$=5000-4100$
$=900 (cm^2)$
색칠한 부분은 정사각형이므로 한 변의 길이를
□ cm라고 하면
□×□=900, □=30입니다.
따라서 색칠한 부분인 정사각형의 한 변의 길이는 30 cm이므로 색칠한 부분의 둘레는
$30 \times 4 = 120 (cm)$입니다.

4

20개의 직사각형의 둘레의 합은 처음 직사각형의 가로의 8배, 세로의 10배의 합과 같습니다.
따라서 20개의 직사각형의 둘레의 합은
$45 \times 8 + 29 \times 10 = 360 + 290 = 650$(cm)
입니다.

5 삼각형 ㄱㅁㅇ의 넓이는 대각선의 길이가
30 cm인 정사각형의 넓이의 $\frac{1}{2}$이고
삼각형 ㅁㄴㅂ의 넓이는 대각선의 길이가
10 cm인 정사각형의 넓이의 $\frac{1}{2}$입니다.

따라서 색칠한 부분의 넓이는
$(30 \times 30 \div 2 \div 2) \times 2 + (10 \times 10 \div 2 \div 2) \times 2$
$= 450 + 50 = 500$(cm^2)입니다.

6 (삼각형 ㄱㅅㅇ)
$=$(평행사변형 ㄱㅂㄷㄹ)$-$(색칠한 도형)
$= 4 \times 8 - 27.5 = 4.5$(cm^2)
선분 ㅇㅅ의 길이를 □ cm라 하면
$3 \times □ \div 2 = 4.5$, □$=3$
따라서 선분 ㅇㅅ의 길이가 3 cm이므로
선분 ㅅㅁ의 길이는 $8 - 3 = 5$(cm)입니다.

7 ㉮의 세로를 6 cm라 하면 가로는 4 cm이고 ㉯의 가로는 3 cm, ㉰의 세로는 5 cm가 됩니다.
따라서 색칠한 부분의 넓이는
$4 \times 5 \div 2 = 10$(cm^2)입니다.

8 평행사변형 ㄱㄴㅁㄹ의 높이가
$234 \div 13 = 18$(cm)이므로
사다리꼴 ㄱㄴㄷㄹ의 윗변은 13 cm,
아랫변은 $13 + 6 + 13 = 32$(cm),
높이는 18 cm입니다.
➡ (사다리꼴 ㄱㄴㄷㄹ)$=(13 + 32) \times 18 \div 2$
　　　　　　　　　　　$= 405$(cm^2)

9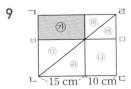

직사각형에서 대각선은 넓이를 이등분하므로 삼각형 ㄱㄴㄹ과 삼각형 ㄴㄷㄹ의 넓이는 같습니다.

또, ㉰와 ㉱의 넓이가 같고 ㉲와 ㉳의 넓이가 같으므로 직사각형 ㉮와 ㉯의 넓이가 같습니다.
(선분 ㄱㅂ의 길이)$=120 \div 15 = 8$(cm),
(선분 ㅁㄷ의 길이)$=120 \div 10 = 12$(cm)
입니다.
따라서 직사각형 ㄱㄴㄷㄹ의 둘레는
$(25 + 20) \times 2 = 90$(cm)입니다.

10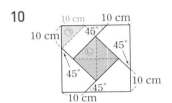

㉠과 ㉡의 넓이는 같습니다.
따라서 작은 정사각형의 넓이는
$(10 \times 10 \div 2) \times 4 = 200$(cm^2)입니다.

11 $(30 + 45 + 30) - 60 = 45$(cm)이므로 ㉮는 평행사변형이고, ㉯는 사다리꼴입니다.
(㉮의 넓이)$=45 \times$(높이)
(㉯의 넓이)$=(60 + 30) \times$(높이)$\div 2$
　　　　　　$=45 \times$(높이)
따라서 ㉮와 ㉯는 높이가 같으므로 ㉮와 ㉯는 넓이가 같습니다.

12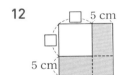

색칠한 부분의 넓이는 155 cm^{2}이므로
$5 \times □ + 5 \times □ + 5 \times 5 = 155$,
$10 \times □ = 130$, □$= 13$(cm)입니다.
따라서 처음 정사각형의 한 변의 길이는 13 cm입니다.

13 사다리꼴의 높이를 2 m라고 하면
사다리꼴 ㄱㄴㄷㄹ의 넓이는
$(40 + 48) \times 2 \div 2 = 88$(m^2)이므로
선분 ㄱㅁ의 길이는
{(사다리꼴 ㄱㄴㄷㄹ의 넓이)$\div 2$}$\div$(높이)
$= (88 \div 2) \div 2 = 22$(m)입니다.

14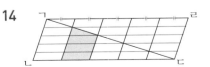

보조선을 그어 작은 평행사변형을 만들면 작은 평행사변형 25개 중 $3\frac{1}{2}\left(=\frac{7}{2}\right)$개가 색칠한 부분에 해당하므로 넓이는
$(750 \div 25) \div 2 \times 7 = 105(\text{cm}^2)$입니다.

15 〈그림 2〉에서 점 ㄷ을 ㄷ′라고 하면
(선분 ㄴㄷ′의 길이)=(선분 ㄹㄷ′의 길이)
$= 12 - 2 \times 2 = 8(\text{cm})$
입니다.
(삼각형 ㄹㄴㄷ의 넓이)$= 8 \times 8 \div 2$
$= 32(\text{cm}^2)$
(사각형 ㄹㄷㅂㅁ의 넓이)$=(8+10) \times 2 \div 2$
$= 18(\text{cm}^2)$
따라서 넓이의 차는 $32 - 18 = 14(\text{cm}^2)$입니다.

16
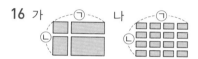
가에서 길의 넓이는
$259200 - 207700 = 51500(\text{cm}^2)$입니다.
㉠$\times 50 + $㉡$\times 50 - 2500 = 51500$,
㉠$\times 50 + $㉡$\times 50 = 54000$
(나에서 길의 넓이)
$=($㉠$\times 50 + $㉡$\times 50) \times 3 - 2500 \times 9$
$= 54000 \times 3 - 22500$
$= 139500(\text{cm}^2) = 13.95(\text{m}^2)$

17 (삼각형 ㅁㅂㄷ의 넓이)
$=($삼각형 ㅁㄴㄷ의 넓이)
$-($삼각형 ㅂㄴㄷ의 넓이)
$= 12 \times 18 \div 2 - 12 \times 12 \div 2 = 36(\text{cm}^2)$
따라서 선분 ㅂㄹ의 길이가
$36 \times 2 \div 18 = 4(\text{cm})$이므로
선분 ㄱㅂ의 길이는 $12 - 4 = 8(\text{cm})$입니다.

18 삼각형의 넓이가 $(10+8) \times 12 \div 2 = 108(\text{cm}^2)$
이므로 겹쳐진 사다리꼴의 넓이는
$108 \div 6 = 18(\text{cm}^2)$입니다.
겹쳐진 사다리꼴의 높이를 □cm라 하면
$(8+4) \times □ \div 2 = 18$, □$=3$이므로 직사각형의 세로는 $3 \times 2 = 6(\text{cm})$이고,
가로는 $8 \times 2 = 16(\text{cm})$입니다.
따라서 직사각형의 넓이는 $16 \times 6 = 96(\text{cm}^2)$입니다.

Jump 4 왕중왕문제 144~149쪽

1 672 cm	**2** 116 cm
3 27.42 m	**4** 6 cm^2
5 1152 cm^2	**6** 20 cm
7 24 m	**8** 49 cm^2
9 10분 후	**10** 18 cm^2
11 48 cm^2	**12** 24 cm^2
13 48 cm^2	**14** 360 cm^2
15 896 cm^2	**16** 288 cm^2
17 112 cm^2	**18** 1176 cm^2

1
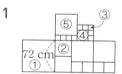
① 정사각형의 한 변의 길이 : 72 cm
② 정사각형의 한 변의 길이 : $72 \div 2 = 36(\text{cm})$
③ 정사각형의 한 변의 길이 : $36 \div 3 = 12(\text{cm})$
④ 정사각형의 한 변의 길이 : $12 \times 2 = 24(\text{cm})$
⑤ 정사각형의 한 변의 길이 : $12 \times 4 = 48(\text{cm})$
따라서 도형의 둘레는
$(72+36+48+48) \times 2 + (72+12+48) \times 2$
$= 672(\text{cm})$입니다.

2
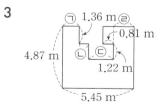
(도형의 둘레)
$=($직사각형의 둘레$)+(5+5)+(3+3)$
$=(20+30) \times 2 + 10 + 6$
$= 100 + 10 + 6$
$= 116(\text{cm})$

3
㉠ 1.36 m ㉣
㉢ 0.81 m
4.87 m ㉡ ㉢
1.22 m
5.45 m
㉠$+$㉡$+$㉢$+$㉣$= 5.45(\text{m})$

(도형의 둘레)
$= (4.87 + 5.45) \times 2 + 1.36 \times 2 + 1.22 \times 2$
$\quad + 0.81 \times 2$
$= 27.42\,(\text{m})$

4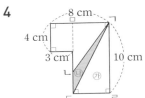

도형의 전체 넓이는
$(8 \times 10) - (3 \times 6) = 62\,(\text{cm}^2)$이므로
넓이의 $\dfrac{1}{2}$은 31 cm²입니다.

(㉯의 넓이)$=31-$(㉮의 넓이)이고 ㉮의 넓이는
직사각형 ㅁㄷㄹㄱ의 넓이의 $\dfrac{1}{2}$이므로
$5 \times 10 \div 2 = 25\,(\text{cm}^2)$입니다.
따라서 ㉯의 넓이는 $31 - 25 = 6\,(\text{cm}^2)$입니다.

5 $20 \times 20 = 400$이므로 한 변에 마름모를 20개
그려 넣은 것이고 정사각형의 한 변이 2 cm씩
길어지므로 이때의 정사각형의 한 변은
$10 + 2 \times 19 = 48\,(\text{cm})$입니다.
그려 넣은 마름모의 수가 늘어나도 마름모의 넓
이의 합은 항상 정사각형의 넓이의 반입니다.
따라서 구하려는 넓이의 합은
$48 \times 48 \div 2 = 1152\,(\text{cm}^2)$입니다.

6 선분 ㄱㅁ의 길이를 □라고 하면 선분 ㅂㄷ의
길이는 $2 \times$□이므로
$(2 \times □ \times 22 \div 2) - (□ \times 32 \div 2) = 60$,
$(□ \times 22) - (□ \times 16) = 60$, □$\times 6 = 60$,
□$=10\,(\text{cm})$입니다.
따라서 선분 ㅂㄷ의 길이는 $2 \times 10 = 20\,(\text{cm})$
입니다.

7 오른쪽 그림에서 도형 ㉮의 넓이
는 정사각형 ㄱㄴㄷㄹ의 넓이의
$\dfrac{5}{16}$이므로 정사각형의 넓이는
$180 \div 5 \times 16 = 576\,(\text{m}^2)$입니다.
따라서 $24 \times 24 = 576$이므로 변 ㄱㄴ의 길이는
24 m입니다.

8 오른쪽 그림과 같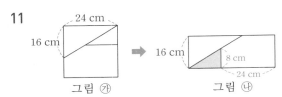
이 도형을 바꾸어
생각하면 도형의 넓

이는 한 변의 길이가 7 cm인 정사각형의 넓이
와 같습니다. 따라서 도형의 넓이는
$7 \times 7 = 49\,(\text{cm}^2)$입니다.

9 점 ㅇ이 점 ㄹ에 왔을 때 선분 ㅇㄴ
이 지나간 부분의 넓이는 직사각형
ㄱㄴㄷㄹ의 넓이의 $\dfrac{1}{2}$이므로
직사각형 ㄱㄴㄷㄹ의 넓이의 $\dfrac{3}{4}$이
되는 때는 점 ㅇ이 변 ㄹㄷ의 중간 지점에 왔을
때입니다.
점 ㅇ이 변 ㄹㄷ의 중간 지점까지 움직인 거리는
$80 + (120 \div 2) = 140\,(\text{cm})$입니다.
따라서 140 cm를 움직이는 데 걸리는 시간은
$140 \div 14 = 10\,(\text{분})$입니다.

10 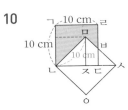 (선분 ㄴㅁ)$=10$ cm
삼각형 ㅁㄴㅈ은 두 대각선
의 길이가 10 cm인 마름모
의 반이므로
(삼각형 ㅁㄴㅈ의 넓이)$=(10 \times 10 \div 2) \div 2$
$=25\,(\text{cm}^2)$입니다.

➡ (사다리꼴 ㅁㅈㄷㅂ의 넓이)
$=10 \times 10 - 57 - 25 = 18\,(\text{cm}^2)$

11

| 그림 ㉮ | | 그림 ㉯ |

(그림 ㉮의 넓이)$=$(그림 ㉯의 넓이)
$\qquad\qquad =24 \times 24 = 576\,(\text{cm}^2)$
(색칠한 부분의 밑변의 길이)$=576 \div 16 - 24$
$\qquad\qquad\qquad\qquad =12\,(\text{cm})$
(색칠한 부분의 높이)$=24 - 16 = 8\,(\text{cm})$
(색칠한 부분의 넓이)$=12 \times 8 \div 2 = 48\,(\text{cm}^2)$

12 (선분 ㄱㄴ)$=2$ cm, (선분 ㅇㅈ)$=4$ cm
①의 넓이 : $(2+4) \times 8 \div 2 = 24\,(\text{cm}^2)$,
(선분 ㅈㄹ)$=24 \div 8 = 3\,(\text{cm})$
②의 넓이 : $24 \times 4 = 96\,(\text{cm}^2)$,
(선분 ㅈㅂ)$=96 \times 2 \div (4+8) = 16\,(\text{cm})$
따라서 색칠한 부분의 넓이는
$16 \times 3 \div 2 = 24\,(\text{cm}^2)$입니다.

13 선분 ㄱㄹ이 선분 ㄹㅁ의 3배이므로 선분 ㄴㅁ이 선분 ㅁㄷ의 3배이어야만 넓이가 같습니다.

따라서 선분 ㅁㄷ의 길이는 24 cm의 $\frac{1}{4}$인 6 cm이므로 삼각형 ㄱㅁㄷ의 넓이는

$6 \times (12+4) \div 2 = 48(\text{cm}^2)$니다.

14

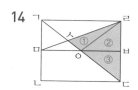

①은 삼각형 ㅅㅁㅇ의 넓이의 2배이고, ②는 삼각형 ㅅㅁㅇ+①과 넓이가 같으므로 삼각형 ㅅㅁㅇ의 넓이의 3배입니다.

③은 ②와 넓이가 같으므로 삼각형 ㄹㅅㄷ의 넓이는 삼각형 ㅅㅁㅇ의 넓이의 8배인

$45 \times 8 = 360(\text{cm}^2)$입니다.

15

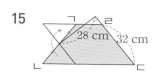

보조선을 그어 평행사변형을 만들고 넓이를 등적이동시키면 구하려는 넓이는 평행사변형의 넓이와 같아집니다.

따라서 $32 \times 28 = 896(\text{cm}^2)$입니다.

16 (선분 ㅅㄱ)+(선분 ㄱㄴ)
=(선분 ㅅㄱ)+(선분 ㄱㄹ)=24 cm
(삼각형 ㄴㅈㅅ)+(삼각형 ㅇㅈㄹ)
=(삼각형 ㄴㅅㄹ)+(삼각형 ㅇㅅㄹ)
$24 \times (선분 ㄱㄹ) \div 2 + 24 \times (선분 ㅅㄱ) \div 2$
$= 24 \times (선분 ㄱㄹ + 선분 ㅅㄱ) \div 2$
$= 24 \times 24 \div 2 = 288(\text{cm}^2)$

17 오른쪽과 같이 보조선을 그어 보면 삼각형 ㄱㅅㅂ의 넓이는 삼각형 ㄱㅅㅈ의 넓이와 같고, 삼각형 ㅅㄴㄷ의 넓이는 삼각형 ㅅㄴㅈ의 넓이와 같습니다.

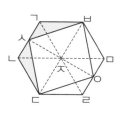

즉 색칠한 부분의 넓이는 정육각형의 $\frac{1}{6}$인 삼각형 ㄱㄴㅈ의 넓이와 같으므로 정육각형의 넓이는 $28 \times 6 = 168(\text{cm}^2)$입니다.

따라서 마름모 ㅂㅅㄷㅇ의 넓이는
$168 - 28 \times 2 = 112(\text{cm}^2)$입니다.

18 삼각형 ㉠과 ㉢은 밑변이 각각
$42 \div 3 = 14(\text{cm})$이고 높이의 합이 42 cm이므로 넓이의 합은 $14 \times 42 \div 2 = 294(\text{cm}^2)$이고 삼각형 ㉡과 ㉣의 넓이의 합도 294 cm²입니다.

따라서 네 사각형의 넓이의 합은
$42 \times 42 - 294 \times 2 = 1176(\text{cm}^2)$입니다.

Jump**5** 영재교육원 입시대비문제

150쪽

1 20295 cm²	2 4초 후, 15초 후

1

정사각형	한 변의 길이(cm)
①	1
②	1+1=2
③	1+2=3
④	2+3=5
⑤	3+5=8
⑥	5+8=13
⑦	8+13=21
⑧	13+21=34
⑨	21+34=55
⑩	34+55=89
⑪	55+89=144

따라서 ⑦번 정사각형과 ⑪번 정사각형의 넓이의 차는 $144 \times 144 - 21 \times 21 = 20736 - 441 = 20295(\text{cm}^2)$입니다.

2 ①

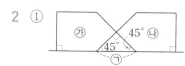

겹치는 부분의 넓이가 처음으로 64 cm²일 때입니다.

㉠$\times$㉠$\div 2 \div 2 = 64$에서 ㉠=16입니다.

따라서 $16 \div 4 = 4$(초) 후입니다.

②

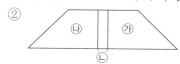

겹치는 부분의 넓이가 두 번째로 64 cm²일 때입니다.

$16 \times ㉡ = 64$에서 ㉡=4입니다.

따라서 사다리꼴 ㉯가 움직인 거리는
$32 \times 2 - 4 = 60(\text{cm})$이므로
$60 \div 4 = 15$(초) 후입니다.

동영상강의 QR코드

1 자연수의 혼합 계산

1	2	3	4	5	6

7	8	9	10	11	12

13	14	15	16	17	18

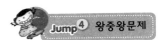

1	2	3	4	5	6

7	8	9	10	11	12

13	14	15	16	17	18

동영상강의 QR코드

Jump 5 영재교육원 입시대비문제

1	2	3

2 약수와 배수

Jump 3 왕문제

1	2	3	4	5	6

7	8	9	10	11	12

13	14	15	16	17	18

Jump 4 왕중왕문제

1	2	3	4	5	6

동영상강의 QR코드

동영상강의 QR코드

19

20

21

Jump 4 왕중왕문제

1

2

3

4

5

6

7

8

9

10

11

12

13

14

15

16

17

18

19

20

Jump 5 영재교육원 입시대비문제

1

2

3

동영상강의 QR코드

4 약분과 통분

Jump 3 왕문제

1	2	3	4	5	6

7	8	9	10	11	12

13	14	15	16	17	18

Jump 4 왕중왕문제

1	2	3	4	5	6

7	8	9	10	11	12

13	14	15	16	17	18

동영상강의 QR코드

1

2

5 분수의 덧셈과 뺄셈

1	2	3	4	5	6

7	8	9	10	11	12

13	14	15	16	17	18

1	2	3	4	5	6

동영상강의 QR코드

7

8

9

10

11

12

13

14

15

16

17

18

Jump 5 영재교육원 입시대비문제

1

2

6 다각형의 넓이

Jump 3 왕문제

1

2

3

4

5

6

7

8

9

10

11

12

13

14

15

16

17

18

동영상강의 QR코드

Jump 4 왕중왕문제

1	2	3	4	5	6

7	8	9	10	11	12

13	14	15	16	17	18

Jump 5 영재교육원 입시대비문제

1	2

MEMO

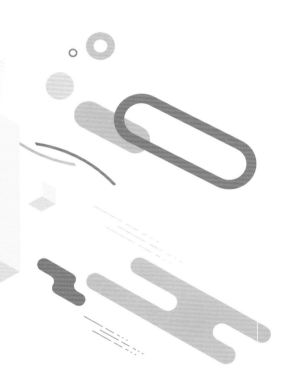

정답과
풀이

5·1

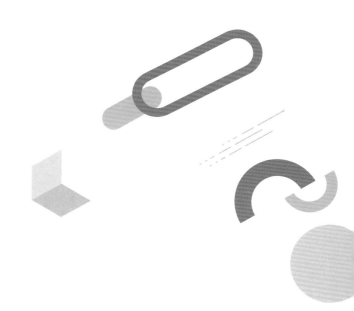

초등

왕수학

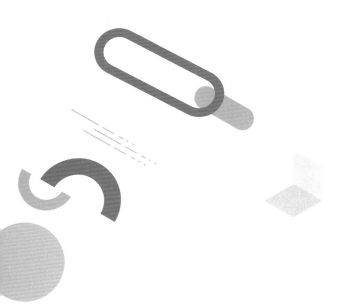